# 中国常见海洋生物原色图典

# 腔肠动物　棘皮动物

总 主 编　魏建功
分册主编　曾晓起　李洪武

中国海洋大学出版社
·青岛·

**图书在版编目（CIP）数据**

中国常见海洋生物原色图典. 腔肠动物　棘皮动物 / 魏建功总主编；曾晓起，李洪武分册主编. —青岛：中国海洋大学出版社，2019.11（2022.7重印）

ISBN 978-7-5670-1775-7

Ⅰ.①中…　Ⅱ.①魏…　②曾…　③李…　Ⅲ.①海洋生物 - 腔肠动物 - 中国 - 图集　②海洋生物 - 棘皮动物 - 中国 - 图集　Ⅳ.①Q178.53-64

中国版本图书馆CIP数据核字（2019）第247251号

| | | | |
|---|---|---|---|
| **出版发行** | 中国海洋大学出版社 | | |
| **社　　址** | 青岛市香港东路23号 | **邮政编码** | 266071 |
| **网　　址** | http://pub.ouc.edu.cn | | |
| **出 版 人** | 杨立敏 | | |
| **责任编辑** | 孙玉苗 | **电　　话** | 0532-85901040 |
| **电子信箱** | 94260876@qq.com | | |
| **印　　制** | 青岛国彩印刷股份有限公司 | | |
| **版　　次** | 2020年5月第1版 | | |
| **印　　次** | 2022年7月第2次印刷 | | |
| **成品尺寸** | 170 mm × 230 mm | | |
| **印　　张** | 11.25 | | |
| **字　　数** | 114千 | | |
| **印　　数** | 2001～4000 | | |
| **定　　价** | 68.00元 | | |
| **订购电话** | 0532-82032573（传真） | | |

# 总前言

生命起源于海洋。海洋生物多姿多彩，种类繁多，是和人类相依相伴的海洋“居民”，是自然界中不可缺少的一群生灵，是大海给予人类的宝贵资源。

当人们来海滩上漫步，随手拾捡起色彩缤纷的贝壳和海星把玩，也许会好奇它们有怎样一个美丽的名字；当人们于水族馆游览，看憨态可掬的海狮和海豹或在水中自在游弋，或在池边休憩，也许会想它们之间究竟是如何区分的；当人们品尝餐桌上的海味，无论是一盘外表金黄酥脆、内里洁白鲜嫩的炸带鱼，还是几只螯里封“嫩玉”、壳里藏“红脂”的蟹子，也许会想象它们生前有着怎样一副模样，它们曾在哪里过着怎样自在的生活……

自我从教学岗位调到出版社从事图书编辑工作时起，就开始调研国内图书市场。有关海洋生物的“志”“图鉴”“图谱”已出版了不少，有些是供专业人员使用的，对一般读者来说艰深晦涩；还有些将海洋生物和淡水生物混编一起，没有鲜明的海洋特色。所以，在社领导支持下，我组织相关学科的专家及同仁，编创了《中国常见海洋生物原色图典》，以期为读者系统认识海洋生物提供帮助。

根据全球海洋生物普查项目的报告，海洋生物物种可达100万种，目前人类了解的只是其中的1/5。我国是一个海洋大国，东部和南部大陆海岸线1.8万多千米，内海和边海的水域面积为470多万平方千米，海洋生物资源十分丰富。书中收录的基本都是我国近海常见的物种。本书分《植物》《腔肠动物 棘皮动物》《软体动物》《节肢动物》《鱼类》《鸟类 爬行类 哺乳类》6个分册，分别收录了153种海洋植物，61种海洋腔肠动物、72种棘皮动物，205种海洋软体动物，151种海洋节肢动物，172种海洋鱼类，11种海洋爬行类、118种海洋鸟类、18种哺乳类。对每种海洋生物，书中给出了中文名称、学名及中文别名，并简明介绍了形态特征、分类地位、生态习性、地理分布等。书中配以原色图片，方便读者直观地认识相关海洋生物。

限于编者水平，书中难免有不尽如人意之处，敬请读者批评指正。

魏建功

# 前言

一般认为，腔肠动物是真正的后生动物的开始，在生物演化中占有重要位置。腔肠动物身体一般呈辐射对称，具二胚层，有组织分化，具原始的神经系统。腔肠动物一端开口，一端封闭；口端具有触手。其体壁围成的空腔即原始的消化腔，腔肠动物因此而得名。消化腔兼有循环的功能，因此又被称为“消化循环腔”。因具独特的刺细胞，其又名刺胞动物。腔肠动物有10 000多种，大多数生活在海洋，分为水螅虫纲、钵水母纲、立方水母纲、十字水母纲和珊瑚纲等类群。作为观赏动物的水母和食用水母多属于钵水母纲。钵水母约200种。珊瑚纲动物现生种类有2 000余种，化石种近5 000种；其中，石珊瑚是“建造”珊瑚礁和珊瑚岛的主力军。

棘皮动物是一个古老而又特殊的类群，化石记录可追溯至5亿多年以前的古生代寒武纪，是接近脊索动物的高等无脊椎动物。全世界现存有7 000余种，化石种接近13 000种。棘皮动物分为5个纲：海星纲、蛇尾纲、海胆纲、海参纲和海百合纲。棘皮动物是海洋生境特有的，几乎全营底栖生活，分布范围非常广泛，从热带海域到寒带海域、从潮间带到水深数千米的海域都有分布，在海洋生态系统中发挥着重要作用。目前我国海域棘皮动物已记录有591种，包括海百合纲的44种、海星纲的86种、海胆纲的93种、海参纲的147种、蛇尾纲的221种。

目前，国内面向大众的有关我国常见腔肠动物和棘皮动物的分类工具书，尤其是图鉴鲜见。本书从分类地位、形态特征、生态习性与地理分布等方面，简要介绍我国海域和国内水族馆中为人们所常见的腔肠动物与棘皮动物，并配以原色图片，为大众认识、了解相关海洋生物提供帮助。

书中共收录腔肠动物和棘皮动物133种。其中，腔肠动物61种，包括水螅水母5种、钵水母11种、珊瑚纲动物45种；棘皮动物72种，包括海百合1种、蛇尾4种、海胆18种、海星25种、海参24种。在本书编写过程中得到了肖宁博士、孙世春教授的热情帮助和支持，书中的部分图片由刘邦华、孙世春、徐思嘉、何嵩、姚韡远、秦耿、刘丽凤、王章义、赵博和廖柏翔提供，在此深表谢意！本书绝大多数棘皮动物图片都是在我国近海海洋综合调查与评价专项“中国近海海洋药用生物资源调查与评价”“海洋间隙动物重要类群的多样性、生物地理格局与进化”和中央高校基本科研业务费专项“西沙群岛及邻近海域珊瑚礁区大型底栖生物多样性调查”资助下获得的。

由于作者水平有限，书中的不妥之处在所难免，敬请读者批评指正。同时，希望借此抛砖引玉，欢迎有兴趣的朋友一起投入腔肠动物和棘皮动物的研究行列中！

曾晓起　李洪武

# CONTENTS

# 目录

## 腔肠动物

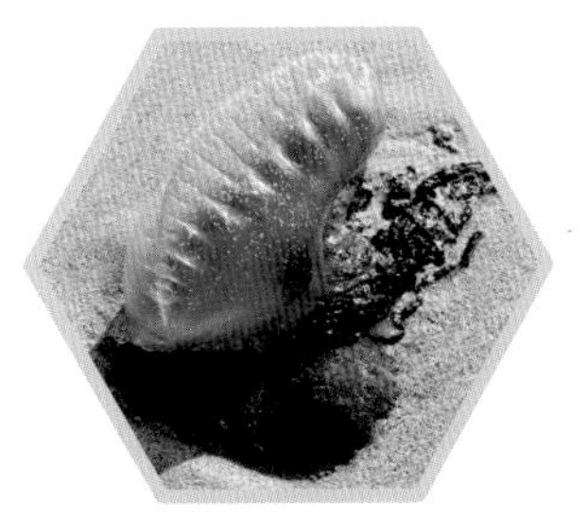

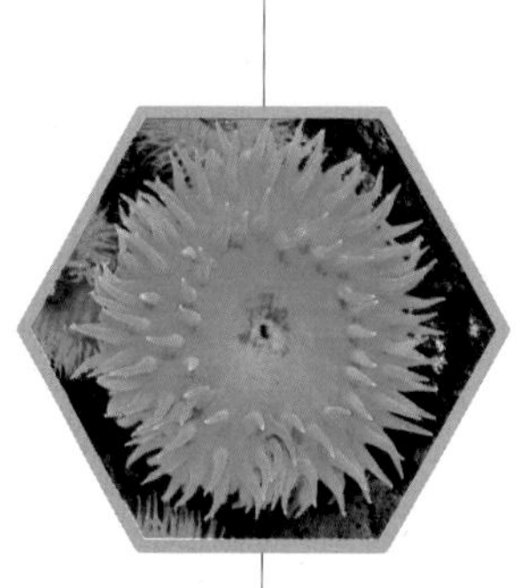

## 棘皮动物

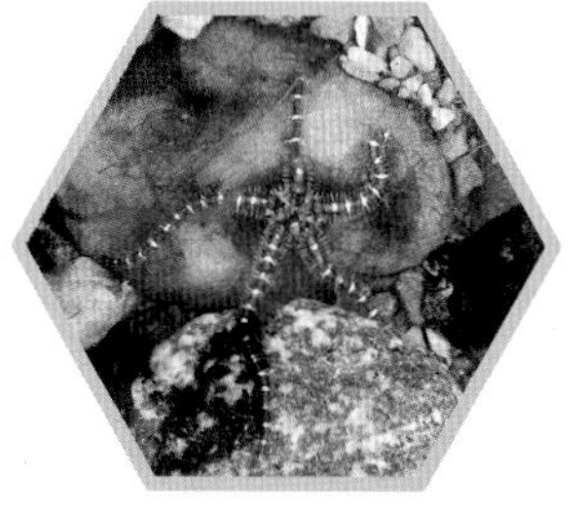

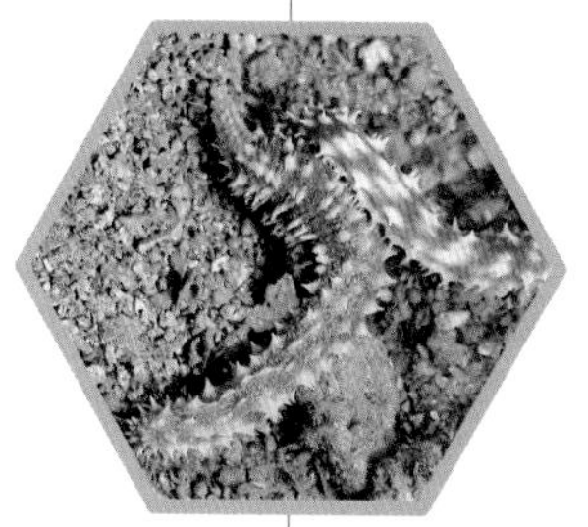

# 腔肠动物

腔肠动物是一类低等的多细胞动物，身体一般呈辐射对称。腔肠动物具有一个消化循环腔（即原腔肠），称为腔肠。有口，无肛门。腔肠动物常有世代交替现象，即在同种的生活史中，有水螅型世代（无性世代）和水母型世代（有性世代）。水螅型和水母型的体形不同，前者呈圆筒形，后者呈伞形；生活方式也不同，前者营固着生活，后者营浮游生活；水螅型的口向上，而水母型的口向下；水螅型的触手分布在口的周围，而水母型的触手分布在伞盖边缘。

腔肠动物的另一大特点是具有刺细胞，因此又被称作刺胞动物。

腔肠动物包括水螅虫纲、钵水母纲、立方水母纲、十字水母纲和珊瑚纲等类群。

# 水螅虫纲

水螅虫纲生物，大多数生活于海洋。

水螅型个体，通常由附着用的基盘、直立的螅体组成。螅体端部有隆起的垂唇；中央为口，围有1圈触手。螅体外有围鞘或裸露。群体生活的种类则分螅根、螅茎和螅体。体内构造简单，有消化循环腔，无口道和隔膜。群体水螅的个体往往分化为司营养的螅体与司生殖的生殖芽体，在管水母类更分化出善于收缩的游泳个体及保护用的叶状个体。

水母型个体，周围有1圈缘膜，触手基部常有平衡囊。

本纲物种，有的只存在水螅型，如绿水螅；有的存在水螅型和水母型世代交替的现象，如薮枝螅。一般水螅型个体营固着生活，水母型个体营漂浮生活，也有大量水螅型个体聚集成群体漂浮生活的。

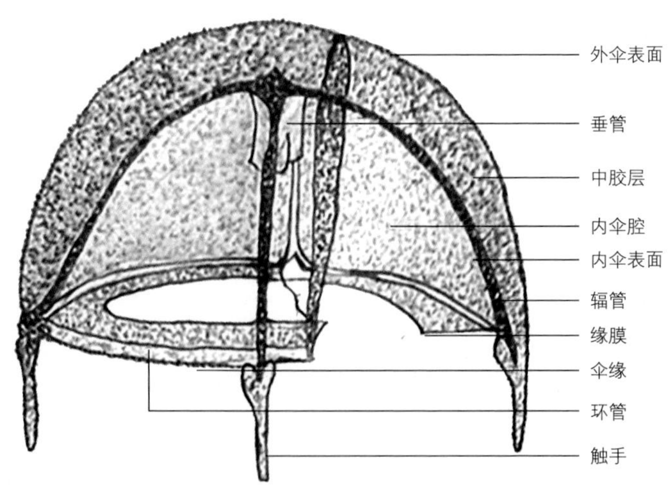


水螅水母的结构（仿Russell）

# 刺胞水母

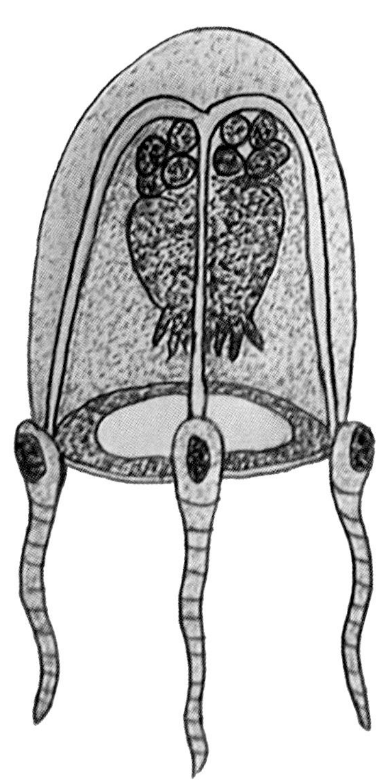

**学　　名**　*Cytaeis tetrastyla*

**分类地位**　丝螅水母目刺胞水母科刺胞水母属

**形态特征**　水母体伞部高大于宽，伞顶钝圆。胃很大，呈梨形，占整个伞高度的2/3，胃上常有许多水母芽。口触手最多达20条，不分支。辐管4条，环管1条。伞缘有4条发达的主辐触手，实心。触手上具有许多刺丝囊。

**生态习性**　主要栖息于高温广盐的海域。在我国，刺胞水母主要出现在春、夏季。

**地理分布**　广泛分布于热带和亚热带海域，我国东海和南海有分布。

# 花笠水母

**学　　名** *Olindias formosa*

**别　　名** 花帽水母

**分类地位** 淡水水母目花笠水母科花笠水母属

**形态特征** 整个伞部外表都有触手。触手有2种：一种根部在缘膜上，称为缘膜触手，常卷曲成弹簧状；另一种根部在外伞盖上，称为伞盖触手。伞盖触手上都有刺细胞，在触手末端有一小块会发出荧光的区域，呈绿色或粉红色。

**生态习性** 花笠水母常在海底一动不动，触手只在小范围内摆动。花笠水母发出荧光，触手末端的荧光区域就像自由浮动的颗粒状食物，被认为能够吸引猎物。

**地理分布** 主要分布于西太平洋温带水域，南美洲东部沿海也有分布。在我国，花笠水母分布于黄海和东海。

**经济意义** 具有较高的观赏价值。

小贴士

花笠水母毒性较大，有人被蜇伤而休克的记载。

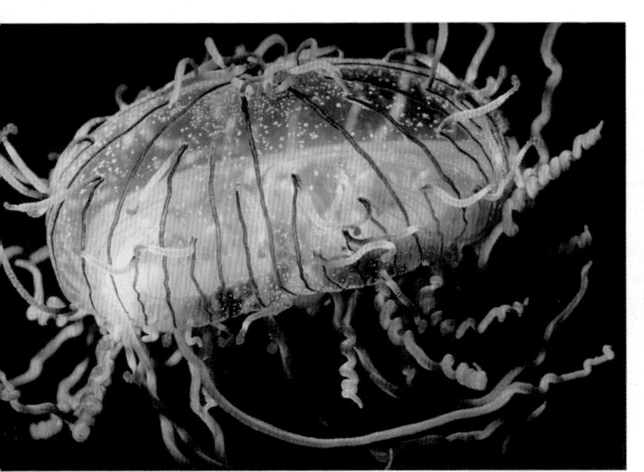

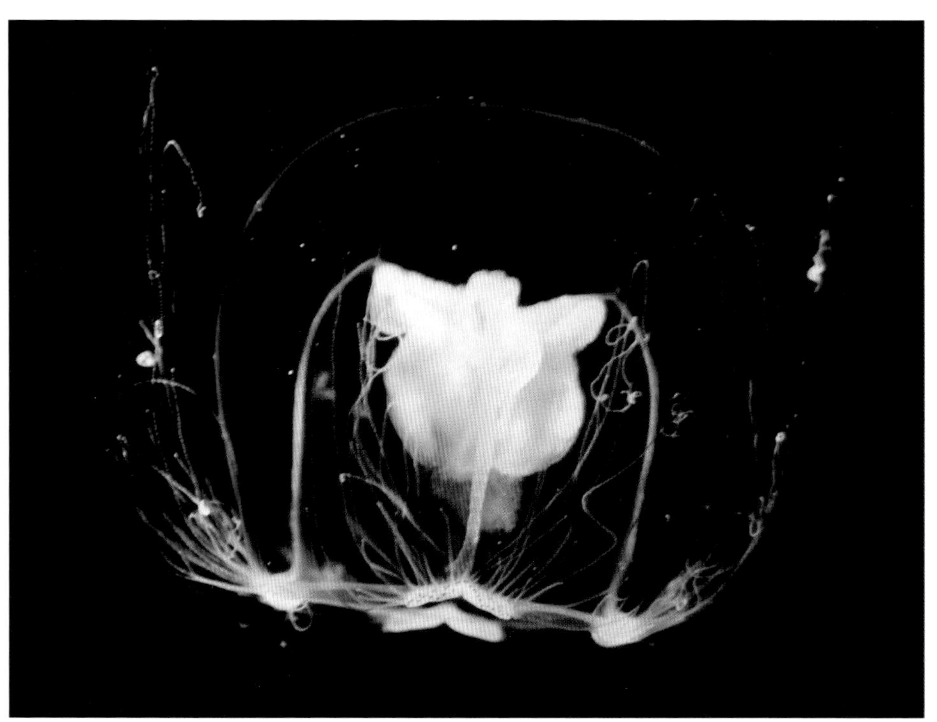

# 灯塔水母

**学　　名**　*Turritopsis nutricula*

**别　　名**　灯泡水母

**分类地位**　花水母目捧螅水母科灯塔水母属

**形态特征**　伞部钟形，透明。伞顶胶质厚。垂管横截面呈“十”字形，长度约占内伞腔深度的2/3，无胃柄。垂管上有4个大的液泡，源于内胚层细胞。伞缘有80～100条触手，从紧密排列的触手基球伸出。触手基球内侧有红褐色眼点。

**生态习性**　肉食性，以小型甲壳类、鱼类为食。灯塔水母被发现在一定条件下水母型与水螅型可以转化。

**地理分布**　原分布于加勒比海域，后扩散至西班牙、意大利、日本等地沿海。我国渤海、黄海、东海及南海北部有分布。

# 银币水母

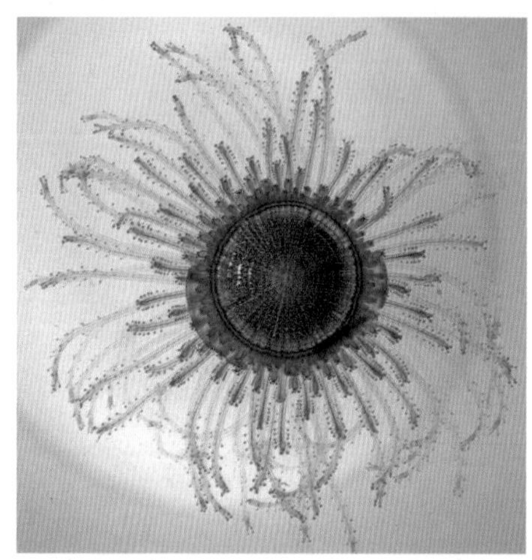

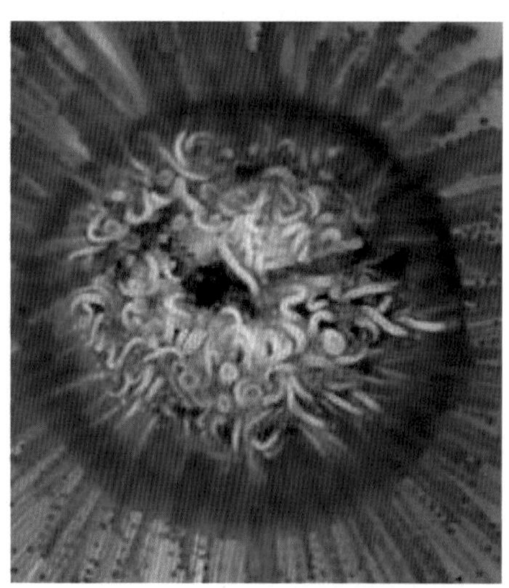

**学　　名** *Porpita porpita*

**别　　名** 蓝键虫

**分类地位** 管水母目银币水母科银币水母属

**形态特征** 水螅体浮囊体透明，扁平，呈圆盘状，暗蓝色，由30个左右的同心环和50～60条放射管组成。指状体有数圈，每条指状体有3条纵列分散的短头状触手，末端膨大，有刺丝囊。主营养体位于浮囊体下方的正中央，周围有许多小营养-生殖体。浮囊体的背面中央附近有许多小的疣状凸起。水母体具有8条辐管。

**生态习性** 栖息于温暖海域，为水漂生物。在我国南海出现于5～10月和12月。

**地理分布** 分布于温带、热带沿岸海域，我国东南沿海有分布。

**经济意义** 具有观赏价值。可作为暖流指示物种。

# 僧帽水母

**学　　名**　*Physalia physalis*

**别　　名**　葡萄牙战舰

**分类地位**　管水母目僧帽水母科僧帽水母属

**形态特征**　僧帽水母是由4种水螅体组成的。浮囊体浮于水面，呈蓝色、粉红色、紫色，或者无色，内含一氧化碳。在浮囊体的下面悬垂着很多营养体、大小不同的指状体、长短不一的触手和树枝状的生殖体。触手平均长10 m，最长可达22 m。

**生态习性**　浮囊体漂浮于海面，触手伸入海水中。某些鱼类能栖息于僧帽水母触手下，与其建立共生关系。

**地理分布**　分布于太平洋、印度洋、大西洋、地中海。在我国，僧帽水母分布于东海和南海。

**经济意义**　可用于教学实验。

**小贴士**

僧帽水母毒性较大。人不慎被蜇伤，皮肤会出现荨麻疹样皮疹，全身灼痛；严重者休克，甚至有生命危险。

# 钵水母纲

钵水母纲生物全部生活于海洋。生活史主要阶段是单体水母，水螅型不发达或完全消失。多数为大型水母。钵水母约有200种。水母体营浮游生活。广泛分布于各大洋，尤以热带海域为多。

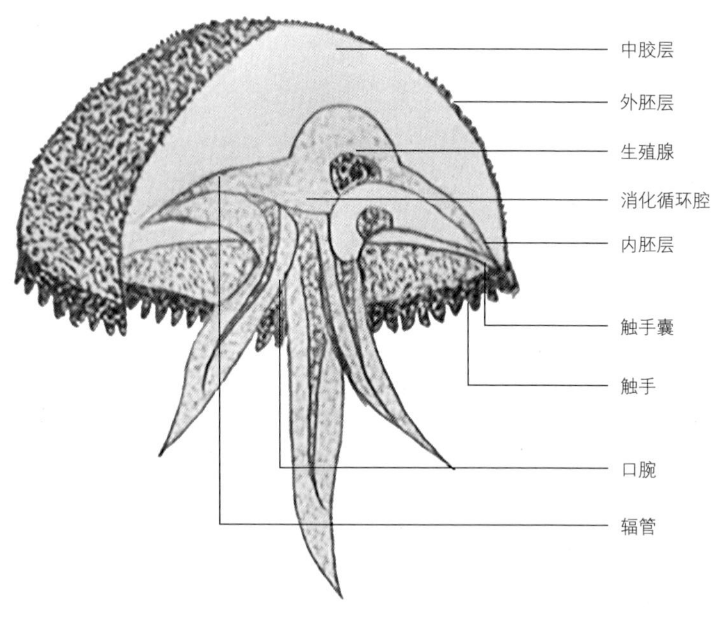


海月水母的结构

# 夜光游水母

学　　名　*Pelagia noctiluca*

别　　名　夜光水母

分类地位　旗口水母目游水母科游水母属

形态特征　水母体外伞表面有许多细胞疣。有4条长的口腕、16个缘瓣、8个平衡囊和8条触手，感觉器和触手相间排列。辐射胃盲管16条，末端分叉。

生态习性　以浮游生物为食。有营固着生活的无性水螅体世代。具有很强的发光能力。

地理分布　分布于热带海域。在我国，夜光游水母分布于东海南部、南海。

摄影：Alberto Romeo

# 太平洋黄金水母

**学　　名**　*Chrysaora fuscescens*

**别　　名**　黄金水母、海荨麻

**分类地位**　旗口水母目游水母科海刺水母属

**形态特征**　水母体伞部金黄色，伴有红色调，状似铃铛。伞后有24条呈螺旋形的栗色长触手，另有白色絮状口腕。

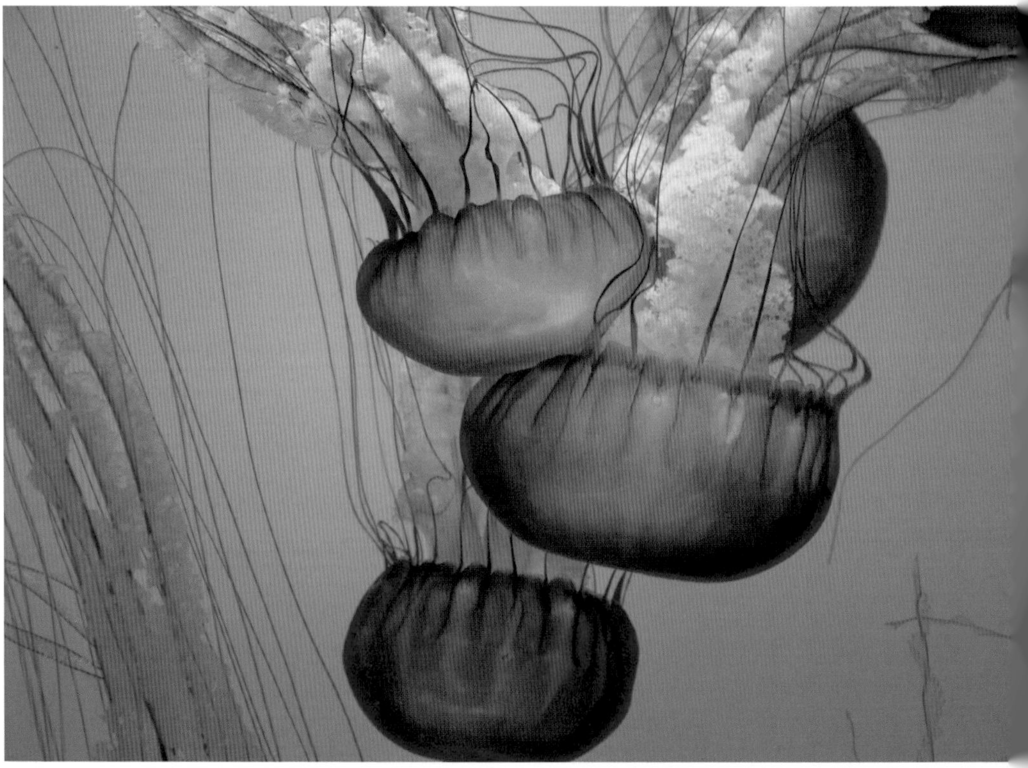

**生态习性** 以浮游生物为食，也会捕食小型鱼类和甲壳动物等。常聚集成群，有时会浮在水面。

**地理分布** 主要分布于太平洋东部，从加拿大到墨西哥海域都有分布。太平洋黄金水母在我国没有自然分布，但作为观赏物种被引入。

**经济意义** 具有观赏价值。

# 咖啡金黄水母

**学　　名** *Chrysaora melanaster*

**别　　名** 丝带水母、咖啡海刺水母

**分类地位** 旗口水母目游水母科海刺水母属

**形态特征** 伞部呈半球形，具有放射状咖啡色的条带。中央部位较厚，伞缘稍薄。伞缘有24条触手。口为“十”字形，四角各有1条飘带状的口腕。

**生态习性** 主要以桡足类和它们的幼虫、小型鱼类和小型水母为食，体色受食物影响。有发光能力。

**地理分布** 主要分布于太平洋北部水域和北冰洋。咖啡金黄水母在我国没有自然分布，但作为观赏物种被引入。

**经济意义** 具有观赏价值。

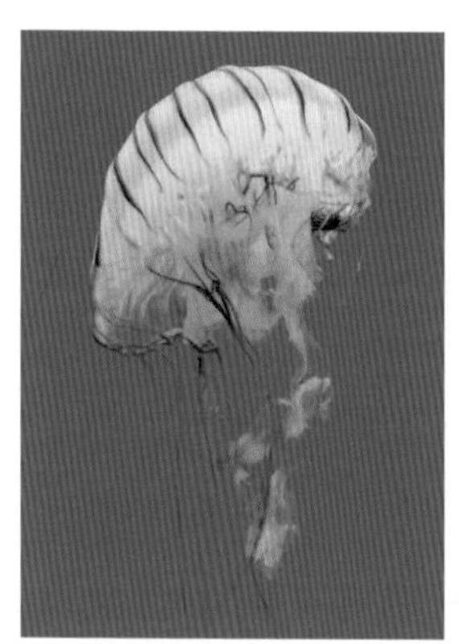

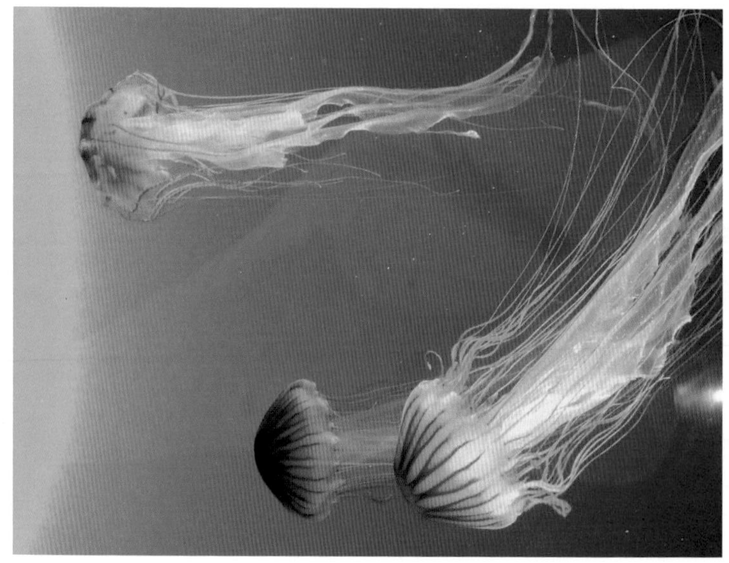

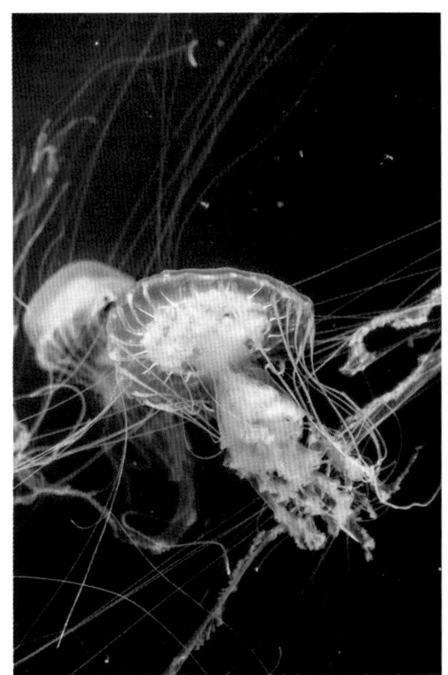

# 马来沙水母

**学　　名**　*Sanderia malayensis*

**分类地位**　旗口水母目游水母科海刺水母属

**形态特征**　伞部扁平，外伞部有大的储存刺细胞的疣突。缘瓣32个。16个感觉器和16条触手相间排列。口腕的两侧缘有许多皱褶。伞部为浅紫色，在上伞部分布着许多褐色小斑点。生殖腺4个，赤褐色，马蹄形。

**生态习性**　本种为暖水性种类，主要以浮游动物和有机碎屑为食。生长周期受光照影响大。

**地理分布**　在我国，马来沙水母主要分布于福建、广东、海南岛、西沙群岛等海域。

# 紫纹海刺

学　　名　*Chrysaora colorata*

别　　名　紫色条纹果冻

分类地位　旗口水母目游水母科海刺水母属

摄影：Sanjay Acharya

摄影：Mike Baird

**形态特征** 伞部通常具有放射状条纹，边缘通常有8条较长的触手和4个中央褶皱的口腕。幼体伞部呈粉红色，触手呈栗色；成体伞部呈紫色，触手颜色变浅。

**生态习性** 以甲壳类、桡足类、其他水母以及小型鱼类等为食。

**地理分布** 分布于太平洋，我国南海有分布。

**经济意义** 具有观赏价值。

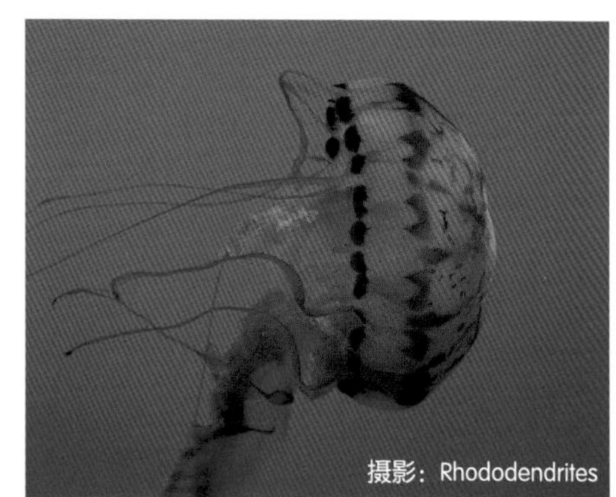
摄影：Rhododendrites

# 海月水母

**学　　名** *Aurelia aurita*

**别　　名** 幽浮水母

**分类地位** 旗口水母目羊须水母科海月水母属

**形态特征** 水母体伞缘有数百根短触手，并有8个缺刻。每个缺刻中有1个平衡囊，囊里有钙质的平衡石。口朝向伞下方，有4片唇。口的四角各有1条口腕。水螅体高约2 mm，无触手。

摄影：Alexander Vasenin

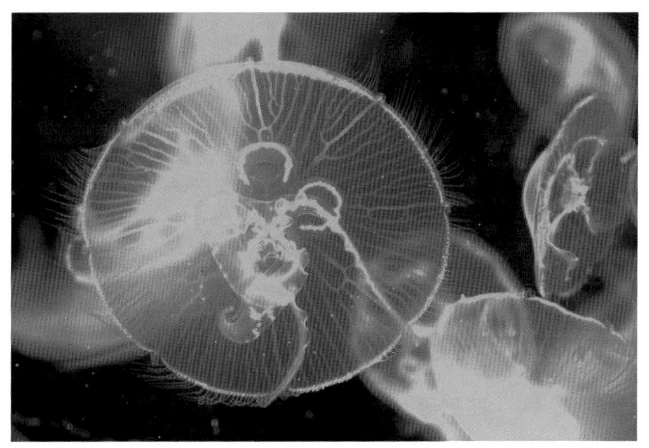

**小贴士**

海月水母有时数量呈暴发式增长，对水产养殖业、渔业和生态环境造成巨大危害。

**生态习性** 以浮游生物为食。有营固着生活的无性水螅体世代。

**地理分布** 分布于70°N～40°S的海域。在我国，海月水母分布于渤海、黄海和东海。

**经济意义** 可观赏和食用，也可制成水产动物的饲料。

# 狮鬃水母

**学　　名**　*Cyanea capillata*

**分类地位**　旗口水母目霞水母科霞水母属

**形态特征**　因口周围有橙红色触手，状如鬃毛而得名。为世界上体型最大的水母之一。伞部直径可达2 m。触手有8组，多达150条，长可达35 m。触手颜色深浅随生长变化。

**生态习性**　主要栖息于较冷海域水深20 ~ 40 m水温较为恒定的区域，以浮游生物、小型鱼类为食。春季到夏初为繁殖季节。寿命约4年。

**地理分布**　主要分布于北冰洋、北大西洋、北太平洋冷水域。狮鬃水母在我国沿海没有自然分布，但作为观赏物种被引入。

**经济意义**　具有观赏价值。

# 陈嘉庚水母

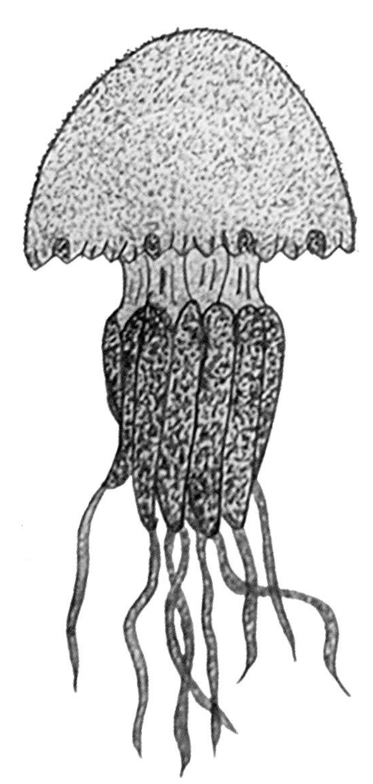

**学　　名** *Acromitus tankahkeei*

**别　　名** 嘉庚水母

**分类地位** 根口水母目端棍水母科端鞭水母属

**形态特征** 伞部近似半球形，表面光滑。伞部表面、生殖下穴底部及下穴之间部位分布着红褐色斑点。口腕为乳白色。每1/8伞缘有4对长舌状缘瓣和8个感觉器，每个感觉器两侧各有1个感觉缘瓣。生殖下穴具有1个梨形乳突，有的个体有几个小乳突。生殖腺呈弧形排列。

**生态习性** 以浮游动物为食。

**地理分布** 为我国特有种，分布于福建南部至广东东北部沿海。

# 大洋洲斑点水母

**学　　名** *Phyllorhiza punctata*

**别　　名** 浮钟、点状海蜇、白点海蜇

**分类地位** 根口水母目硝水母科*Phyllorhiza*属

**形态特征** 水母体伞部半球形，本身白色，略透明，但因体内含有共生藻而呈现出浅蓝色。伞边缘无触手，伞体表面分布有白色斑点；有一融合的口腕，有8只触手。

**生态习性** 经历水螅期和水母期两个阶段。幼虫离开母体定居在海底，发育成水螅体，并可进行出芽生殖或分裂生殖。水螅期长达5年，水母期长达2年。

**地理分布** 分布于大洋洲海域。大洋洲斑点水母作为观赏物种被引入我国。

**经济意义** 具有观赏价值。

# 海蜇

**学　　名** *Rhopilema esculentum*

**别　　名** 红蜇、面蜇、鲊鱼

**分类地位** 根口水母目根口水母科海蜇属

**形态特征** 水母体伞部半球形。外伞表面光滑，伞缘有8个平衡囊，囊上无眼点和色素粒。每个平衡囊的两侧被尖形缘瓣（感觉瓣）包围。口腕8条，每条口腕分成3片翼，各翼的边缘上具有小吸口、小触手及长的丝状附器或棒状物。肩板8对，上缘近圆弧形，具有皱褶，上面也生有很多小吸口、小触手及丝状附器。辐管16条，分支或不分支。生殖腺4个，呈马蹄形。

**生态习性** 水母体栖息于近海，尤其喜欢栖息于河口附近。分布区水深一般为3～20 m，最深可达40 m。其生活水温8℃～30℃，适宜水温13℃～26℃；生活盐度12～40，适宜盐度14～32。海蜇喜欢弱光环境。

**地理分布** 在我国，海蜇分布于渤海、黄海、东海。日本西部、马来西亚北部海域也有分布。

**经济意义** 可食用或药用。

# 蛋黄水母

**学　　名** *Cotylorhiza tuberculata*

**别　　名** 地中海水母

**分类地位** 根口水母目皇冠水母科蛋黄水母属

**形态特征** 水母体体型较大。伞部呈透镜状，中央隆起且呈橙红色，宛若荷包蛋。身体分成上伞面及下伞面，无缘膜。伞缘无触手，口腕愈合，垂唇末端的口封闭，具许多小管和细小的吸口。一般在垂唇、口腕及伞的外表面分布有刺细胞。

**生态习性** 肉食性，以浮游生物等为食。

**地理分布** 分布于地中海、爱琴海和亚得里亚海；作为观赏物种出现在我国的水族馆内。

**经济意义** 具有一定的观赏价值。

小贴士

蛋黄水母早期发育中具有正常的口，并有8个口叶，以后发育中形成8条口腕。口腕再分支愈合，原来口腕中的纤毛沟愈合成小管及吸口。

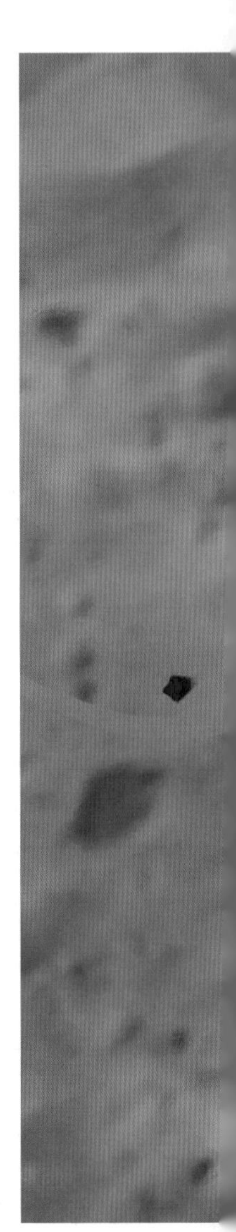

小贴士

蛋黄水母大量繁殖时，对渔业、旅游业有巨大危害。

# 珊瑚纲

珊瑚纲生物包括海葵和珊瑚等，全部是水螅型的单体或群体动物，生活史中没有水母型世代。珊瑚纲生物的水螅型结构复杂，身体呈八分或六分的两辐射对称，口部体壁内陷形成了口道，胃腔内体壁的内胚层延伸形成隔膜。许多种可形成骨骼。珊瑚纲是腔肠动物中最大的一个纲，有7 000多种，其中现生种2 000余种，全部海产。

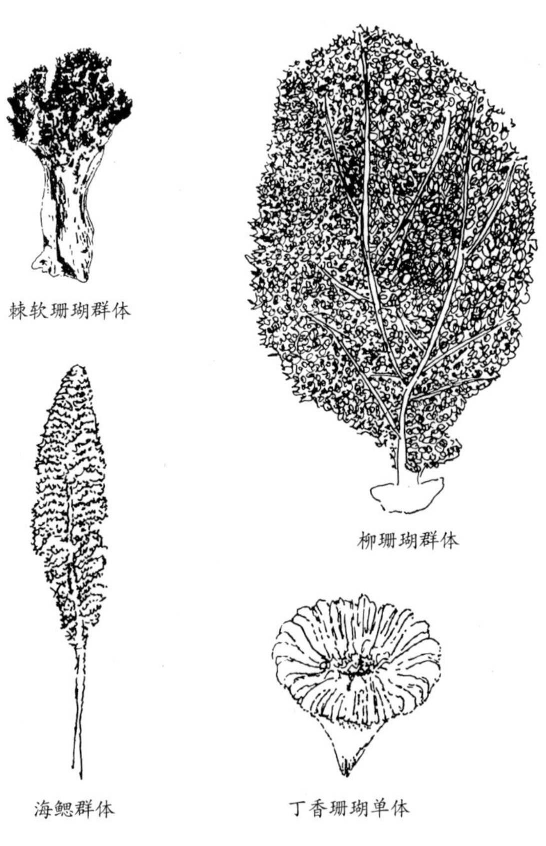


几种珊瑚形态

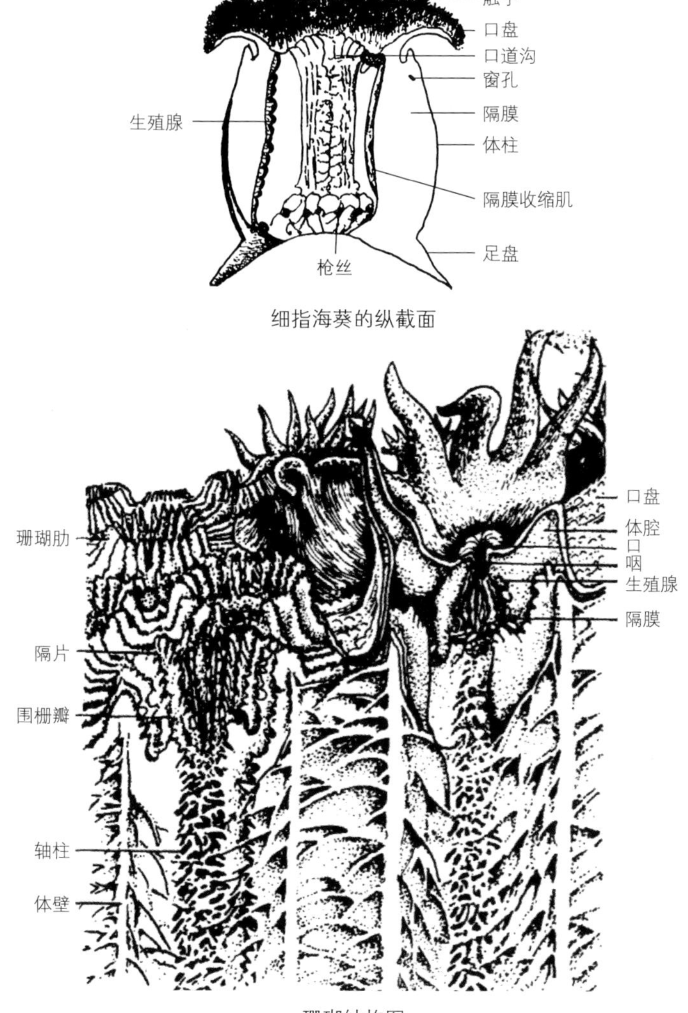


细指海葵的纵截面

珊瑚结构图

（来自邹仁林，《中国动物志 腔肠动物门 珊瑚虫纲 石珊瑚目 造礁石珊瑚》，2001）

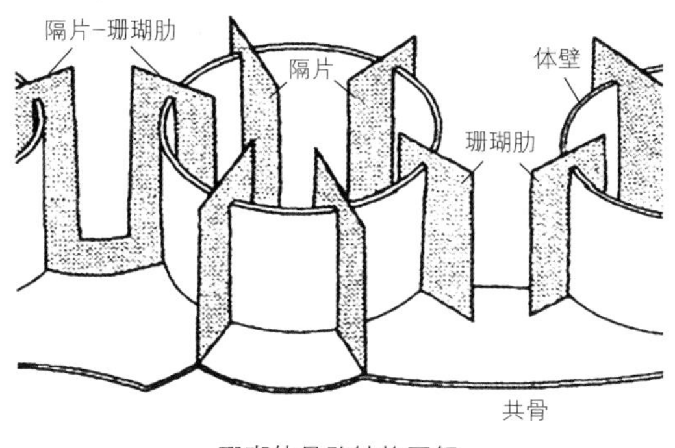


珊瑚体骨骼结构图解

# 纵条矶海葵

**学　　名** *Diadumene lineata*

**别　　名** 西瓜海葵

**分类地位** 海葵目矶海葵科纵条矶海葵属

**形态特征** 口盘位于体柱上端，从领部凹陷处伸出，喇叭形，浅绿色或浅褐色。体柱壁光滑；颜色不尽相同，有浅绿色、浅灰绿色、浅褐色、浅黄绿色、褐绿色等；其上有橙黄色纵条纹和壁孔；橙黄色条纹上壁孔呈黑色。

**生态习性** 栖息于沿海潮间带，营固着生活。常附着于木头、石头及其他物体上。以触手摄取食物，肉食性，常以小型甲壳类及多毛类为食。

**地理分布** 广泛分布于北半球各海域，我国四大海域均有分布。

**经济意义** 有一定的药用价值，可用于提取神经毒素和抗凝血物质。

# 樱蕾篷锥海葵

学　　名　*Entacmaea quadricolor*

别　　名　奶嘴海葵、拳头海葵

分类地位　海葵目海葵科篷锥海葵属

形态特征　口位于口盘中央。似奶嘴一样的触手布于口盘周围，常因共生藻而呈现出不同的颜色，如玫瑰色、橙色、绿色、红色等。

生态习性　喜独居。通过体内的共生藻获取大部分能量，也用触手捕食。通常固定在礁石上，当环境不适宜时会迁移。

地理分布　主要分布于印度洋、太平洋、红海到萨摩亚群岛海域，我国南海有分布。

经济意义　具有观赏价值。

# 黄海葵

摄影：Stan Shebs

**学　　名**　*Anthopleura xanthogrammica*

**别　　名**　绿海葵、海菊花、巨绿海葵

**分类地位**　海葵目海葵科侧花海葵属

**形态特征**　体长圆柱形，灰黄色或呈浅黄色。体柱上部疣状凸起多；下部平滑，疣状凸起少。体柱常附着有沙粒。口盘一般呈浅黄色，口周围有1圈黑斑。在口盘附近有数圈不明显的小的疣状凸起。口椭圆形，周围有触手。触手一般96个，排成4圈，其数目由内向外分别为12、12、24、48。触手一般为长圆锥状，顶端钝，但也有顶端尖的。触手灰白色，有白斑，有的触手基部有6对白色条纹。如果暴露在适当的阳光下，黄海葵会呈现出明亮的绿色。

**生态习性**　营埋栖生活，常固着于泥沙中的贝壳或小石块上。潮水淹没时，体伸展如菊花状；受刺激后缩入沙内。

**地理分布**　广泛分布于热带、亚热带和暖温带潮间带，我国四大海域均有分布。

**经济意义**　具有药用价值。

# 星虫爱氏海葵

**学　　名**　*Edwardsia sipunculoides*

**别　　名**　星虫状海葵

**分类地位**　海葵目爱氏海葵科爱氏海葵属

**形态特征**　身体蠕虫状，灰褐色或黄褐色。当触手收缩时，形状似星虫。口盘较小。触手细长，36条，排成2圈，黄白色或灰褐色。基盘部膨大。完整的大隔膜8个，上有强大的收缩肌、生殖腺和胃丝；不完整的小隔膜24个，无收缩肌、生殖腺和胃丝。

**生态习性**　营埋栖生活，常固着于泥沙中的贝壳或小石块上。触手在水中于泥沙表面展开；受刺激后缩入泥沙。

**地理分布**　分布于我国黄海、东海、南海，以及日本、澳大利亚海域。

# 纽扣珊瑚

学　　名　*Zoanthus* spp.

别　　名　花群珊瑚

分类地位　群体海葵目群体海葵科*Zoanthus*属

形态特征　外形如纽扣，密集分布于礁石上。触手位于口盘的边缘。因体内的共生藻而呈现出多种不同的颜色。

生态习性　栖息于浅海岩礁或珊瑚礁上。与其他珊瑚不同，它们喜欢将沙子等材料结合到组织中，以帮助它们组成身体结构。它们经常被发现固着在其他无脊椎动物体表。多数种类营无性繁殖。虽然能通过共生的藻类获取能量，但是仍会捕食浮游生物、小型鱼类等。

地理分布　广泛分布于热带、亚热带海域，我国各大海域均有分布。

经济意义　具有观赏价值。

小贴士

纽扣珊瑚的分类和命名存在争议。一些种类含有有毒物质海葵毒素。

# 羽状海鳃

学　　名　*Virgularia schultzei*

别　　名　羽状海笔

分类地位　海鳃目羽状海鳃科羽状海鳃属

**形态特征**　为单体状的肉质群体珊瑚，由一个柱状的初级轴螅体和其表面的众多羽状次级轴螅体组成。初级轴螅体下端形成固着在沙中的柄。个体长10 cm到2 m不等，红紫色或红色。

**生态习性**　栖息于海底，主要在中潮区以下的软泥底质，少数在沙底。栖息时一端扎进泥沙，一端露出，以过滤水中的营养物质为生。带有触手的水螅体也可以捕食。能发磷光。

**地理分布**　分布于地中海、印度洋沿岸。羽状海鳃在我国没有自然分布，但作为观赏物种被引入。

**经济意义**　具有观赏价值。

# 海仙人掌

学　　名　*Cavernularia habereri*

别　　名　海黄瓜

分类地位　海鳃目棒海鳃科海仙人掌属

形态特征　棍棒状，黄色或者橙色。上部为轴部，周围长有许多水螅体；下部为柄部，无水螅体，收缩性大。轴部长度通常是柄部的2倍或2倍以上。满潮时，膨大直立。退潮时仅顶端露出沙面。有水螅体和管状体。水螅体较大，有8个中空的羽状分支的触手，能伸缩。管状体小，无触手，不能伸缩，满布在水螅体之间。水螅体顶端有裂缝状的口。

生态习性　直接以柄插入泥沙质海底，轴部露出底质。能发磷光。

地理分布　广泛分布于印度洋、太平洋，我国黄海、东海有分布。

经济意义　具有药用价值。

# 片形棘孔珊瑚

摄影：时小军　吴鹏

**学　　名** *Echinopora lamellosa*

**别　　名** 薄片刺孔珊瑚

**分类地位** 石珊瑚目蜂巢珊瑚科棘孔珊瑚属

**形态特征** 群体为暗褐色或暗绿色。珊瑚骨骼由薄叶片组成。薄叶片不规则卷曲，或者不卷曲而呈钝漏斗形。珊瑚杯横截面圆形或椭圆形。隔片两侧有刺状颗粒，边缘有不规则刺花（刺状凸起聚集成的圆形斑点）。

**生态习性** 造礁珊瑚。通常栖息于海流较平缓的斜坡或海底平台上。

**地理分布** 我国南海有分布。

# 秘密角蜂巢珊瑚

**学　　名**　*Favites abdita*

**别　　名**　秘密角菊巢珊瑚、秘密角珊瑚

**分类地位**　石珊瑚目蜂巢珊瑚科角蜂巢珊瑚属

**形态特征**　群体看上去有些像蜂巢，土黄色或者火黄色。珊瑚骨骼呈不规则瘤状，凹凸不平。珊瑚杯大小不等，深浅不等，隔片数目也不等，截面呈边长不等的四边形、五边形或六边形。

**生态习性**　造礁珊瑚。栖息于珊瑚礁环境中。

**地理分布**　分布于印度-太平洋，我国南海有分布。

**保护级别**　被世界自然保护联盟列为近危物种。

# 柔角菊珊瑚

**学　　名**　*Favites flexuosa*

**别　　名**　柔角蜂巢珊瑚、多弯角蜂巢珊瑚

**分类地位**　石珊瑚目蜂巢珊瑚科角蜂巢珊瑚属

**形态特征**　群体多为灰绿色。珊瑚骨骼呈块状。珊瑚体呈半球状，表面平滑、整齐，没有丘形凸起。珊瑚杯横截面多近似圆形，直径1.5 ~ 2 cm。珊瑚杯紧密相连，有2环隔片。

摄影：时小军　吴鹏

**生态习性**　造礁珊瑚。可栖息于各种珊瑚礁环境中，以水深10～15 m平台最常见。

**地理分布**　广泛分布于印度洋、太平洋的珊瑚礁水域，我国南海有分布。

**经济意义**　具有观赏价值。

# 黄癣蜂巢珊瑚

**学　　名**　*Dipsastraea favus*

**别　　名**　正菊石蜂巢珊瑚

**分类地位**　石珊瑚目蜂巢珊瑚科蜂巢珊瑚属

**形态特征**　群体呈深绿色、褐色或青灰色。珊瑚骨骼呈团块状、半球状或平板状。珊瑚杯多呈盘状，骨片的排列不规则。中柱小，呈膜状。肋片分布均匀。

**生态习性**　造礁珊瑚。可栖息于各种珊瑚礁环境中。

**地理分布**　广泛分布于大西洋、印度洋和太平洋，我国东南沿海有分布。

**经济意义**　具有观赏价值。

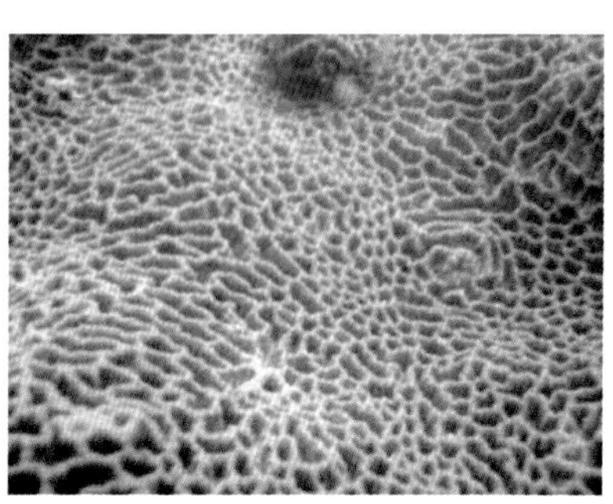

# 肉质扁脑珊瑚

学　　名　*Platygyra carnosa*

分类地位　石珊瑚目蜂巢珊瑚科扁脑珊瑚属

形态特征　群体的颜色多样，有的呈砖红色、棕色，有的呈浅灰色，带棕红色的花斑。珊瑚骨骼为团块状。珊瑚杯肥厚，形成众多短的沟回。

生态习性　造礁珊瑚。可栖息于各种珊瑚礁环境中。

地理分布　广泛分布于印度洋和太平洋的珊瑚礁水域，我国南海有分布。

# 精巧扁脑珊瑚

**学　　名** *Platygyra daedalea*

**分类地位** 石珊瑚目蜂巢珊瑚科扁脑珊瑚属

**形态特征** 有的颜色单一，为黄色、黄绿色、灰色或铬黄色；有的呈黄色，但谷为翠绿色；还有的呈褐黄色，但谷为紫绿色。珊瑚骨骼呈瘤状、枝状、柱状或块状。在同一群体的基部有稍弯曲且互相平行的谷。通常群体顶部谷深，向边缘渐渐变浅。在1 cm长的珊瑚骨骼中有隔片9～17个，其中7～10个与轴柱相连。隔片上部窄、下部宽，边缘有2～7个齿，两侧有刺和颗粒。轴柱由薄片小梁组成，连续。

**生态习性** 造礁珊瑚。可栖息于各种珊瑚礁环境中。

**地理分布** 广泛分布于印度洋和太平洋的珊瑚礁水域，我国南海有分布。

# 小叶刺星珊瑚

学　　名　*Cyphastrea microphthalma*

分类地位　石珊瑚目蜂巢珊瑚科刺星珊瑚属

形态特征　群体为棕色、褐色或绿色。珊瑚骨骼呈表覆状或亚团块状。珊瑚杯直径小于3 mm，具有2环隔片，初生隔片10枚，非常明显。共骨上多颗粒。

生态习性　造礁珊瑚。喜欢栖息在礁壁上。

地理分布　分布于印度洋和太平洋的珊瑚礁水域，我国南海有分布。

# 粗糙刺叶珊瑚

**学　　名** *Echinophyllia aspera*

**别　　名** 粗糙刺柄珊瑚

**分类地位** 石珊瑚目梳状珊瑚科刺叶珊瑚属

**形态特征** 群体通常呈暗粉红色，珊瑚杯多呈绿色或灰色。珊瑚骨骼为表覆状或板层状。板层状的骨骼由多片薄薄的板块层叠而成。珊瑚骨骼凹凸不平，表面多刺，板块边缘有一条条轻微的脊状凸起物往外伸展，而群体的中央有大而突出的、形状不一的肉质珊瑚杯。

**生态习性** 造礁珊瑚。可栖息于各种珊瑚礁环境中。

**地理分布** 分布于印度洋和太平洋的珊瑚礁水域，我国南海有分布。

# 强壮鹿角珊瑚

**学　　名**　*Acropora valida*

**别　　名**　强壮轴孔珊瑚

**分类地位**　石珊瑚目鹿角珊瑚科鹿角珊瑚属

**形态特征**　顶端呈浅黄色，中、下部呈褐色或紫罗兰色。珊瑚骨骼丛生，分支粗细均匀。

**生态习性**　造礁珊瑚。可栖息于各种珊瑚礁环境中。

**地理分布**　在我国，强壮鹿角珊瑚分布于南海。

# 粗野鹿角珊瑚

**学　　名**　*Acropora humilis*

**别　　名**　粗野轴孔珊瑚

**分类地位**　石珊瑚目鹿角珊瑚科鹿角珊瑚属

**形态特征**　珊瑚骨骼的单枝又粗又短，呈指状或亚指状；基部共骨扩展，彼此相连或游离不连。珊瑚体圆柱状，直径3.5 ~ 4 mm。珊瑚杯杯径大小不一，横截面圆形或椭圆形。每个珊瑚轴有一个至多个锥形分支，长度各不相同，呈黄色。

**生态习性**　造礁珊瑚。可栖息于各种珊瑚礁环境中。

**地理分布**　广泛分布于印度洋和太平洋。在我国，粗野鹿角珊瑚分布于东海和南海。

**经济意义**　具有观赏价值。

**保护级别**　被世界自然保护联盟列为近危物种。

摄影：时小军　吴鹏

# 指形鹿角珊瑚

学　　名　*Acropora digitifera*

别　　名　指形轴孔珊瑚

分类地位　石珊瑚目鹿角珊瑚科鹿角珊瑚属

形态特征　分支通常呈棕褐色，顶端橙色或白色；珊瑚虫的触手为绿色。珊瑚骨骼的单枝粗短，呈指状或亚指状；基部共骨扩展，彼此相连或游离。分支顶端仅有1个珊瑚体，呈密簇-伞房生长型。

生态习性　造礁珊瑚。可栖息于各种珊瑚礁环境中。

地理分布　分布于印度洋和太平洋，我国东海和南海有分布。

经济意义　具有观赏价值。

保护级别　被世界自然保护联盟列为近危物种。

# 佳丽鹿角珊瑚

**学　　名** *Acropora pulchra*

**分类地位** 石珊瑚目鹿角珊瑚科鹿角珊瑚属

**形态特征** 基部咖啡色，其他的部分为咖啡色或青绿色。珊瑚骨骼为树枝状，分支短而细，顶端渐尖，衬托得轴珊瑚体更显著、更大，这是本种的识别标志。轴珊瑚体大，直径2.5 ~ 3.0 mm。

**生态习性** 在礁坪上是优势种群。依靠体内的共生藻获取大部分能量，也可以通过触手捕食浮游生物。

**地理分布** 在我国，佳丽鹿角珊瑚分布于南海。可可群岛海域、托雷斯海峡、大堡礁海域也有分布。

# 风信子鹿角珊瑚

**学　　名** *Acropora hyacinthus*

**别　　名** 风信子轴孔珊瑚

**分类地位** 石珊瑚目鹿角珊瑚科鹿角珊瑚属

**形态特征** 珊瑚骨骼伞房花序式；分支拥挤，短而粗壮。轴珊瑚体横截面或呈圆形，直径约2 mm；或呈椭圆形，长径约2.5 mm，短径约1.5 mm。第1轮隔片宽约为珊瑚杯半径的1/2，第2轮隔片稍狭窄。

**生态习性** 造礁珊瑚。可栖息于各种珊瑚礁环境中，营单体或群体生活。

**地理分布** 分布于印度洋和太平洋，我国南海有分布。

**保护级别** 被世界自然保护联盟列为近危物种。

# 叶状蔷薇珊瑚

**学　　名** *Montipora foliosa*

**分类地位** 石珊瑚目鹿角珊瑚科蔷薇珊瑚属

**形态特征** 体呈褐色、咖啡色或紫褐色。珊瑚骨骼由螺旋状卷曲的、宛若蔷薇花瓣的叶瓣组成。叶瓣边缘向上、向内生长。共骨的瘤突状或网状结构在叶瓣上排列成皱纹样。珊瑚杯直径约0.75 mm；第1轮隔片6个，针状，大小相仿；第2轮隔片发育不全。

**生态习性** 造礁珊瑚。依靠体内的共生藻获取大部分能量，也可以通过触手捕食浮游生物。

**地理分布** 在我国，叶状蔷薇珊瑚分布于台湾海域和南海。

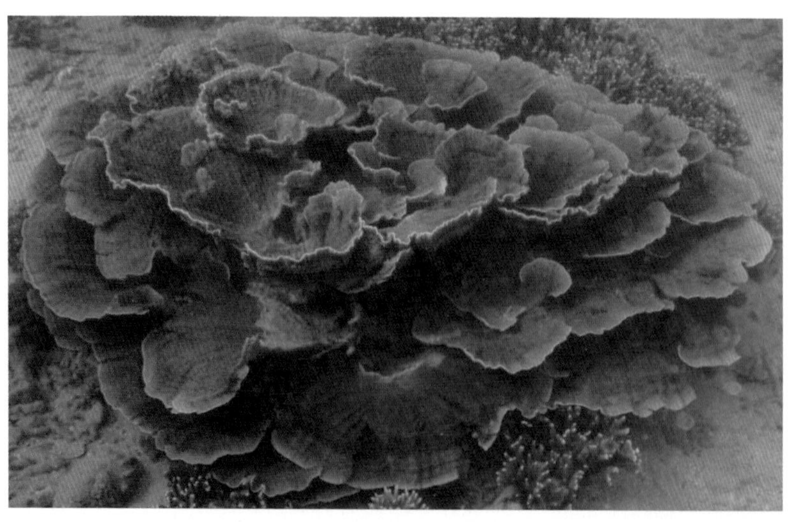

# 水晶脑珊瑚

学　　名　*Cynarina lacrymalis*

别　　名　圆冠珊瑚

分类地位　石珊瑚目褶叶珊瑚科脑珊瑚属

形态特征　体色多样，通常为绿色和褐色交错，也有呈粉红色或其他颜色的。白天吸水膨胀，呈半透明状。圆柱状的身体基部用于附着，有的在自由生活时留下一个尖的底部。有合隔桁。隔片基本呈板状，多孔，上缘光滑，无齿。口大而厚。掌状裂片发育良好。

生态习性　为单体。白天吸水膨胀，晚上伸出触手摄食。具有造礁能力。栖息于岩礁或珊瑚礁环境。

地理分布　分布于太平洋。在我国，水晶脑珊瑚分布于南海。

经济意义　具有观赏价值。

小贴士

水晶脑珊瑚可能对其他的珊瑚造成危害。状态良好的个体食欲强，能吞下磷虾大小的猎物。

# 河谷脑珊瑚

**学　　名** *Symphyllia valenciennesii*

**别　　名** 河谷合叶珊瑚

**分类地位** 石珊瑚目褶叶珊瑚科合叶珊瑚属

**形态特征** 体色鲜艳、多样，从红色到绿色的品种都有。幼时，珊瑚体呈盘状，长有星形骨骼；长大后，出现起伏弯曲的河谷形状。珊瑚骨骼呈沟回形、块状，表面有凸起。

**生态习性** 摄食鱼类、甲壳类及有机碎屑。具有造礁能力。多固着于浅海沙石底。

**地理分布** 分布于印度洋、太平洋沿岸水域。在我国，河谷脑珊瑚分布于东南沿海。

**经济意义** 具有观赏价值。

# 棘星珊瑚

**学　　名** *Acanthastrea echinata*

**别　　名** 糖果脑

**分类地位** 石珊瑚目褶叶珊瑚科棘星珊瑚属

**形态特征** 群体为褐黄色或浅灰色。珊瑚杯单个，形状、大小都不一样。绝大部分隔片与轴柱相连。隔片边缘有3～8个尖齿，末端2个较大，朝上。

**生态习性** 造礁珊瑚。栖息于珊瑚礁海域。

**地理分布** 在我国，棘星珊瑚分布于南海。红海，以及马尔代夫群岛、帕劳群岛、大堡礁、汤加塔布岛、斐济群岛、塔希提岛、比基尼环礁、日本等海域也有分布。

# 华丽筒星珊瑚

**学　名** *Tubastrea aurea*

**别　名** 太阳珊瑚

**分类地位** 石珊瑚目木珊瑚科筒星珊瑚属

**形态特征** 由一个个体分裂或出芽而生成的多个个体，通过基部互相连接成矮草丛状的群体。颜色多样，包括黄色、橙色、粉红色或黑色。单体呈筒状。隔片由众多小梁组成，大致呈板状，多孔。珊瑚体大，每个筒状结构都有分支。

**生态习性** 它们虽然能产生坚硬的骨骼，但并不会形成珊瑚礁。雌雄同体。受精后，母体珊瑚在消化循环腔内储存受精卵。受精卵发育为幼虫后被释放。幼虫分散并落入礁石基底，通常会在距离母体1 m内的位置固着。

**地理分布** 分布于印度洋和太平洋，我国南海有分布。

**经济意义** 具有观赏价值。

# 从生盔形珊瑚

**学　　名** *Galaxea fascicularis*

**别　　名** 荧光草珊瑚

**分类地位** 石珊瑚目枇杷珊瑚科盔形珊瑚属

**形态特征** 有的为单色：黄色、绿色或灰白色；也有的为复色：咖啡色混合白色条纹。珊瑚骨骼块状。珊瑚杯多而密，横截面呈圆形、椭圆形，甚至形状不规则。隔片倒楔形，第1～3轮隔片完全，离心端珊瑚肋变粗，第3轮隔片的宽度约为珊瑚杯半径的1/2，第4轮隔片发育不全。隔片两侧的颗粒小而少。

**生态习性** 造礁珊瑚。在光照条件允许时，它们可以完全依赖体内的共生藻获取能量，也可以通过触手摄食浮游生物、有机碎屑等。

**地理分布** 分布于红海、大西洋及太平洋。在我国，从生盔形珊瑚分布于东海和南海。

**经济意义** 具有观赏价值。

**保护级别** 被世界自然保护联盟列为近危物种。

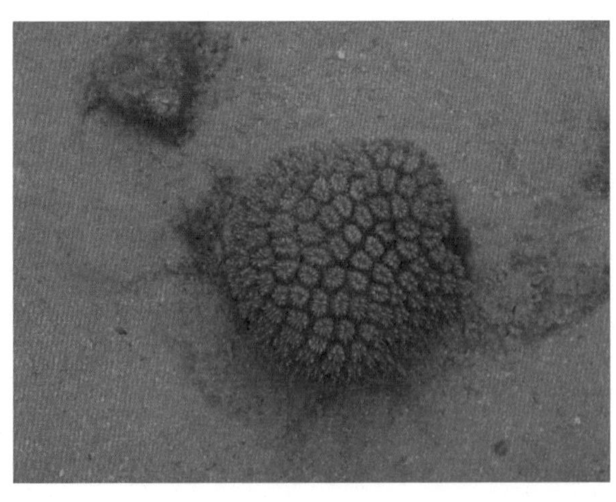

# 肾形真叶珊瑚

**学　　名**　*Fimbriaphyllia ancora*

**别　　名**　榔头珊瑚

**分类地位**　石珊瑚目丁香珊瑚科纹叶珊瑚属

**形态特征**　珊瑚体由栅状的分支构成，常会形成圆丘状或半球状的群体。触手管状，细长且柔软，长4 cm以上，顶端为白色的小珠状。

**生态习性**　造礁珊瑚。捕食浮游生物。栖息于水深2～10 m的珊瑚礁边缘，靠近底沙、受风浪影响较小的海域。

**地理分布**　在我国，肾形真叶珊瑚分布于台湾海域。菲律宾、澳大利亚海域也有分布。

**经济意义**　具有观赏价值。

# 滑真叶珊瑚

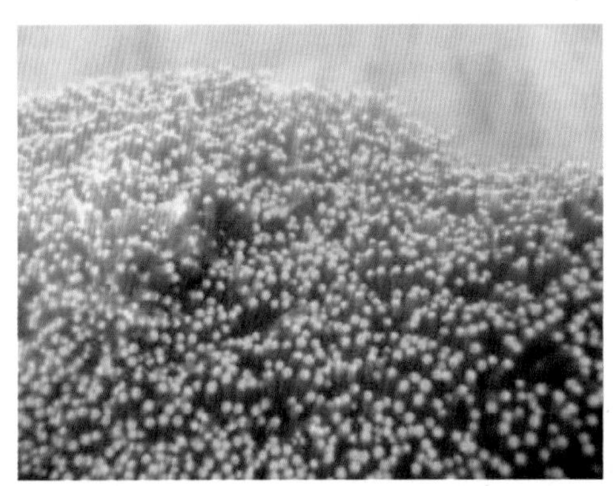

**学　　名**　*Euphyllia glabrescens*

**别　　名**　珍珠珊瑚

**分类地位**　石珊瑚目丁香珊瑚科真叶珊瑚属

**形态特征**　群体呈笙-扇形，棕色或绿色，触手顶部呈黄色。珊瑚杯壁薄，无孔。无轴柱。隔片突出，边缘光滑，无孔。

**生态习性**　造礁珊瑚。捕食浮游生物。栖息于水深2 ~ 10 m的珊瑚礁边缘，靠近底沙、受风浪影响较小的海域。

**地理分布**　在我国，滑真叶珊瑚分布于台湾海域和南海。菲律宾、澳大利亚海域也有分布。

**经济意义**　具有观赏价值。

**保护级别**　被世界自然保护联盟列为近危物种。

# 泡囊珊瑚

学　　名 *Plerogyra sinuosa*

别　　名 膀胱珊瑚、葡萄珊瑚、珍珠珊瑚

分类地位 石珊瑚目丁香珊瑚科泡囊珊瑚属

形态特征 珊瑚骨骼中心对称，较大的为扇形。隔片边缘光滑，排列不规则。展开时，珊瑚虫呈白色或黄色气泡状；缩进时可以看见它们坚硬的骨骼。

生态习性 白天会吸水膨胀，这一过程受光照的影响。90%以上的能量由体内的共生藻提供。

地理分布 原产于斐济群岛、澳大利亚海域。泡囊珊瑚在我国没有自然分布，但作为观赏物种被引入。

经济意义 具有观赏价值。

保护级别 被世界自然保护联盟列为近危物种。

# 石芝珊瑚

学　　名　*Fungia fungites*

别　　名　蘑菇珊瑚

分类地位　石珊瑚目石芝珊瑚科石芝珊瑚属

形态特征　体呈铬黄色、黄褐色或棕色，略带绿色。珊瑚骨骼横截面圆形，底部交

摄影：时小军　吴鹏

错的颗粒状或条状的小梁组成珊瑚的轴柱。隔片多。珊瑚肋或者连续，或者断续成刺状凸起。成体体壁有孔，珊瑚肋绝大部分成为背刺状，隔片无孔。

**生态习性**　营群体或单体生活。幼时有1个附着柄；成体时游离，营自由生活。具备造礁能力。

**地理分布**　在我国，石芝珊瑚分布于南海。

**经济意义**　具有观赏价值。

**保护级别**　被世界自然保护联盟列为近危物种。

# 波莫特石芝珊瑚

**学　　名** *Fungia paumotensis*

**别　　名** 蘑菇珊瑚

**分类地位** 石珊瑚目石芝珊瑚科石芝珊瑚属

**形态特征** 珊瑚骨骼横截面长椭圆形。隔片稍弯曲，主要隔片与次要隔片相间排列。在珊瑚骨骼边缘的隔片高度参差不齐，这是该种主要的鉴别特征之一。生活时为棕黄色，两端夹带绿色。

**生态习性** 营群体或单体生活。幼时有1个附着柄；成体时游离，营自由生活。具备造礁能力。

**地理分布** 在我国，波莫特石芝珊瑚分布于台湾和海南岛海域。

# 疣状杯形珊瑚

**学　　名** *Pocillopora verrucosa*

**别　　名** 花柳菜珊瑚

**分类地位** 石珊瑚目杯形珊瑚科杯形珊瑚属

**形态特征** 体呈黄色或红色。珊瑚骨骼强壮，分支又扁又短。基部珊瑚杯大，杯四周的刺呈棒状。隔片不完全，但隔片之间有清楚的槽。轴柱大而稍微凸起。

**生态习性** 造礁珊瑚。栖息于珊瑚礁海域。

**地理分布** 在我国，疣状杯形珊瑚分布于台湾海域和南海。

摄影：时小军　吴鹏

# 阔裸肋珊瑚

学　　名　*Merulina ampliata*

别　　名　纹珊瑚

分类地位　石珊瑚目裸肋珊瑚科裸肋珊瑚属

形态特征　珊瑚骨骼多呈褶叶状，中心有大小不等的小叶片扭曲成耳状凸起。珊瑚骨骼表面有隔片形成的连续的脊塍，末端呈不规则的锯齿状。脊塍间有连续的谷。1 cm长的珊瑚骨骼中有11～18个隔片，一般12个主要隔片与位于谷底的轴柱相连。隔片长方形，边缘有小刺。

生态习性　造礁珊瑚。栖息于珊瑚礁海域。

地理分布　在我国，阔裸肋珊瑚分布于南海。

# 十字牡丹珊瑚

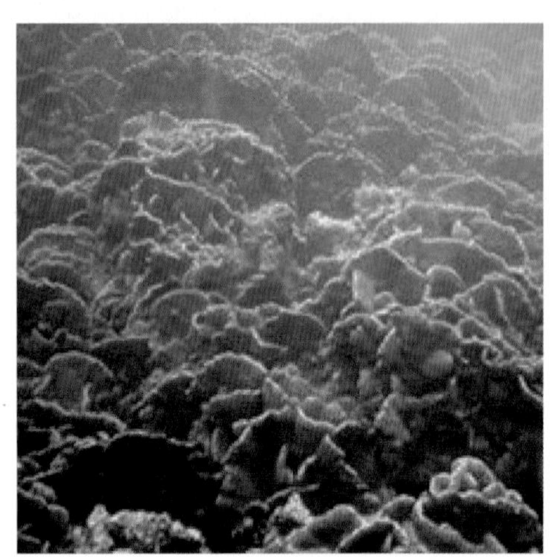

**学　　名**　*Pavona decussata*

**分类地位**　石珊瑚目菌珊瑚科牡丹珊瑚属

**形态特征**　群体为黄褐色，或者夹带黄色。珊瑚骨骼叶片状，坚硬，不弯曲。龙骨突少而小，有的没有龙骨突。珊瑚杯清楚，排列不规则。

**生态习性**　造礁珊瑚。栖息于珊瑚礁海域。

**地理分布**　其分布区域从东非海域和红海延伸到日本、菲律宾、巴布亚新几内亚海域和澳大利亚东部海域。在我国，十字牡丹珊瑚分布于东海和南海。

**保护级别**　被世界自然保护联盟列为易危物种。

摄影：Benzoni，F.

# 绣球雀屏珊瑚

学　　名　*Pavona cactus*

别　　名　球牡丹珊瑚

分类地位　石珊瑚目菌珊瑚科牡丹珊瑚属

形态特征　群体为浅褐色或绿褐色。珊瑚骨骼叶片状，相互连接。珊瑚杯与边缘平行排列。无龙骨突。板叶薄，或弯曲或直立。板叶基底可能增厚变成主干。

生态习性　造礁珊瑚。通常栖息于混浊度较高的浅海，尤其在临近沙底的斜坡较常见。

地理分布　广泛分布于印度洋和太平洋的珊瑚礁水域，我国东南沿海有分布。

保护级别　被世界自然保护联盟列为易危物种。

# 漏斗陀螺珊瑚

**学　　名**　*Turbinaria crater*

**分类地位**　石珊瑚目木珊瑚科陀螺珊瑚属

**形态特征**　珊瑚骨骼漏斗状，基部有1个短柄，边缘薄，四周镶有1圈凹陷的珊瑚杯。珊瑚杯深，大部分稍微突出，横截面圆形或椭圆形，两侧有颗粒。

**生态习性**　造礁珊瑚。栖息于珊瑚礁海域。

**地理分布**　在我国，漏斗陀螺珊瑚分布于南海。新加坡、印度尼西亚雅加达、菲律宾、澳大利亚、日本九州等海域也有分布。

摄影：Chaloklum Diving

# 盾形陀螺珊瑚

学　　名　*Turbinaria peltata*

别　　名　圆盘珊瑚

分类地位　石珊瑚目木珊瑚科陀螺珊瑚属

形态特征　体为较浅的肉红色。珊瑚骨骼呈盾牌样，表面凹凸不平，边缘有皱褶，附着柄又短又厚。珊瑚杯倾斜、突出，横截面卵圆形，直径2.5～4.5 mm，有21～24个隔片，第4轮隔片尖刺状。隔片两侧有颗粒。

生态习性　造礁珊瑚。通常栖息于混浊度较高、沉积物较多的环境，尤其在砂岩底的海域最常见。主要滤食有机物质。

地理分布　分布于印度洋、太平洋的珊瑚礁水域。在我国，盾形陀螺珊瑚分布于台湾海域和南海。

保护级别　被世界自然保护联盟列为近危物种。

# 团块滨珊瑚

**学　　名** *Porites lobata*

**别　　名** 团块微滨珊瑚

**分类地位** 石珊瑚目滨珊瑚科滨珊瑚属

**形态特征** 群体直径可达数米，呈绿色、蓝色、棕色或褐色。珊瑚骨骼瘤状、块状或拳状。珊瑚杯小而浅，直径平均约1.5 cm，杯壁的厚度小于1 cm，通常具有8个连片，没有中柱。

**生态习性** 造礁珊瑚。在潟湖和临近沙堤处常见。

**地理分布** 广泛分布于印度洋和太平洋的珊瑚礁水域，我国东南沿海有分布。

**保护级别** 被世界自然保护联盟列为近危物种。

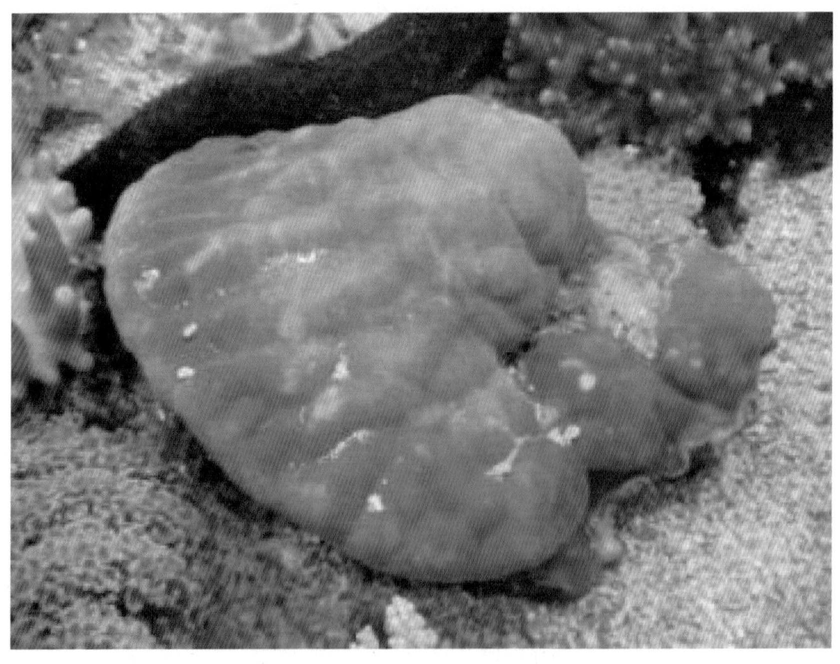

# 团块管孔珊瑚

学　　名　*Goniopora lobata*

别　　名　宝石花珊瑚

分类地位　石珊瑚目滨珊瑚科管孔珊瑚属

形态特征　群体呈团块状，大都为褐色、灰色、绿色或蓝色。珊瑚体厚而多孔。珊瑚杯横截面圆形或多角形，直径3～5 mm。珊瑚虫长管状，有24只触手。触手中央有锥状的凸起，通常为白色。

生态习性　造礁珊瑚。对光线、温度较为敏感，栖息于荫蔽而清澈的水中。

地理分布　分布于印度洋和太平洋的热带和亚热带水域，我国香港以南海域有分布。

经济意义　具有观赏价值。

保护级别　被世界自然保护联盟列为近危物种。

# 圆块角孔珊瑚

**学　　名**　*Goniopora lobata*

**别　　名**　宝石花角孔珊瑚

**分类地位**　石珊瑚目滨珊瑚科角孔珊瑚属

**形态特征**　体呈白色、浅灰色、奶油色或棕色。珊瑚骨骼或是块状的，或是枝杈状的，通常形状不规则。虫体大，肉质，有12只触手。触手尖端经常肿胀，呈旋钮状。

**生态习性** 栖息于白化的珊瑚礁底床，适应强光的环境，以水中的浮游生物为食。

**地理分布** 分布于西太平洋的珊瑚礁海域。圆块角孔珊瑚在我国没有自然分布，但作为观赏物种被引入。

**经济意义** 具有观赏价值。

# 二异角孔珊瑚

**学　　名**　*Goniopora duofaciata*

**别　　名**　二异管孔珊瑚

**分类地位**　石珊瑚目滨珊瑚科角孔珊瑚属

**形态特征**　体呈灰绿色。珊瑚骨骼块状。珊瑚杯在同一群体中有两种形态。在珊瑚骨骼边缘，珊瑚杯横截面呈多边形，浅而大（直径3.0 ~ 4.0 mm）；隔片3轮，边缘齿状。在珊瑚骨骼表面，珊瑚杯深而小（直径2 ~ 2.5 mm），壁薄；隔片12 ~ 18个，狭窄，边缘齿少，两侧光滑。

**生态习性**　造礁珊瑚。对光线、温度较为敏感，栖息于荫蔽而清澈的水中。

**地理分布**　分布于印度洋和太平洋的热带和亚热带水域，我国香港以南海域有分布。

**经济意义**　具有观赏价值。

**保护级别**　被世界自然保护联盟列为近危物种。

# 二叉黑角珊瑚

学　　名　*Antipathes dichotoma*

别　　名　铁树、海柳

分类地位　角珊瑚目角珊瑚科角珊瑚属

形态特征　群体不规则分叉或分二叉，分支密集。最小分支在其上一级分支上，或者排列无规律；或者排列在其上一级分支的一侧，长度不等而一头逐渐变细。最小分支上的刺因部位不同而形状各异。最小分支上靠其上一级分支一端的刺呈圆锥状，顶端钝，分叉或有乳头状凸起；中部刺稍压缩，近三角形，顶端钝，二叉；顶部刺三角形，顶端尖，光滑，排成右螺旋形。触手指状，长度几乎相等。

生态习性　栖息于水深20 ~ 30 m的热带和亚热带海域。

地理分布　在我国，二叉黑角珊瑚分布于广东、海南海域。地中海，以及印度尼西亚、澳大利亚、印度、意大利那不勒斯、法国等海域也有分布。

经济意义　具有观赏价值。

保护级别　被世界自然保护联盟列为近危物种。

# 红珊瑚

**学　　名**　*Corallium rubrum*

**别　　名**　浓赤珊瑚、撒丁岛珊瑚

**分类地位**　柳珊瑚目红珊瑚科红珊瑚属

**形态特征**　珊瑚骨骼粉红色至深红色。珊瑚虫有8个羽状触手。隔膜8个，不成对。隔膜丝单叶状。口道沟仅1个，位于腹面。中轴骨钙质，呈树状分支，不在一个平面上。

**生态习性**　栖息于水温高于20℃、水深20～200 m、平静而清澈的热带、亚热带海域。其最适宜的温度范围是22℃～28℃。常与造礁珊瑚栖息在一起。

**地理分布**　在我国，红珊瑚主要分布于台湾海域。地中海以及大西洋东部也有分布。

**经济意义**　观赏价值高，骨骼经常被当作宝石交易。

**保护级别**　为国家一级保护野生动物。

# 网状软柳珊瑚

**学　　名** *Subergorgia mollis*

**别　　名** 网扇软柳珊瑚、软珊瑚

**分类地位** 柳珊瑚目软柳珊瑚科软柳珊瑚属

**形态特征** 群体多为橙色或灰色。分支在同一平面上且相连成网状，表面不具纵行的沟。当珊瑚虫缩回时，共肉组织上会出现不规则分布的孔。茎部具有断续分布的纵沟。

**生态习性** 通常栖息于礁石的侧面，扇面与水流垂直。

**地理分布** 分布于太平洋水深15～20 m的水域，我国台湾海域有分布。

**经济意义** 具有观赏价值。

# 苍珊瑚

学　　名　*Heliopora coerulea*

分类地位　苍珊瑚目苍珊瑚科苍珊瑚属

形态特征　珊瑚群体骨骼呈巨大的块状。珊瑚虫有8个羽状触手。隔膜8个，不成对。隔膜丝单叶状。口道沟仅1个，位于腹面。

生态习性　造礁珊瑚。只有海水的年平均温度不低于20℃时，珊瑚虫才能造礁。

地理分布　分布于印度洋和太平洋的热带水域，我国台湾海域有分布。

保护级别　被世界自然保护联盟列为易危物种。

# 棘皮动物

棘皮动物是一个古老而又特殊的类群，化石记录可追溯至5亿多年以前的古生代寒武纪。全世界现存有7 000余种，化石种类接近13 000种。棘皮动物分海星纲、蛇尾纲、海胆纲、海参纲和海百合纲。棘皮动物是海洋生境特有的，几乎全营底栖生活，分布范围非常广泛，从热带海域到寒带海域，从潮间带到数千米的深海都有分布，是大型底栖动物的重要类群和组成部分，在海洋生态系统的结构和功能中发挥着重要作用。目前我国海域棘皮动物已记录有591种，包括海百合纲的44种、海星纲的86种、海胆纲的93种、海参纲的147种、蛇尾纲的221种。

棘皮动物成体为辐射对称，通常为五辐射，少数具有超过五辐射构造；有真正的体腔，有石灰质构成的内骨骼，有独特的水管系统及管足；体表常有棘和疣。身体表面依管足的有无，常区分为10个相间排列的带：有管足的部分为辐部或步带；无管足的部分为间辐部或间步带。内部器官，如水管系统、神经系统、血窦系统和生殖系统等，也全部或部分地为辐射构造。肠管不是辐射构造。

管足是运动、摄食、感觉和呼吸器官，是伸展性强的柱状管，末端通常具有吸盘；基本上每辐有2列，但可增为4列，或排成弧状，或无规则散生，分布到间辐部。蛇尾和海百合的管足变为触手。

海胆、海星和蛇尾的棘和疣，全是内骨骼，外面都包有表皮。海胆的骨骼为石灰质板紧密结合成的壳。海参的骨骼为分散、微小、美丽的骨片。蛇尾和海百合的骨骼呈椎骨状。海星的背板常结合成网状、铺石状或覆瓦状。海胆和海星还有叉棘。叉棘构造复杂，有的具有毒腺，其功用为清除皮肤上的污秽和外物，帮助捕捉食物及防御敌害。海胆有球棘，可能和味觉、嗅觉或平衡有关。

棘皮动物栖息在多种底质，在海底匍匐或营底内生活，少数种类营固着或游泳生活。其食物主要为有机碎屑、小型动物、大型海藻和海草，有些种为肉食性。因为它们有发达的石灰质骨骼，所以在地层中有很多化石种，尤其是海百合和海胆，在古生物中占有重要地位。从整体上看，棘皮动物的经济意义较大。一方面，有些种类（海胆类）能大量地捕食双壳贝类、螺类和蠕虫等，是贝类养殖的敌害；另一方面，棘皮动物又是许多鱼类的饵料。全世界有40多种海参可供食用，其中我国分布有20余种；有些海胆的生殖腺和消化腺也可供食用。此外，有些海参、海胆、海星和蛇尾可作药用，还有些海星可作肥料。

# 海百合纲

海百合纲动物外形极像植物，体色鲜艳，是一类很古老的类群，在古生代很繁盛，化石种类超过6 000种。现生海百合仅650种，分为两类：一类终生营固着生活，为柄海百合类；另一类成体无柄，营自由或暂时性固着生活，为海羊齿类（或称为羽星类）。柄海百合类多分布在水深200～6 000 m的深海，而海羊齿类一般出现在较浅的海域。

海羊齿类的柄仅在幼体时期存在，成体柄消失，仅留最顶端一节，称为中背板。在中背板周围有轮状排列的附属肢，称为卷枝。卷枝分节。卷枝的数目、节数及形状是其分类的重要依据。腕原始为5个，常一再分支，有第1次、第2次和第3次腕板之分。与分歧点相当的腕板称为分歧轴。描述海百合时，常用符号表示腕板数目和不动关节的位置。如Ⅱ$Br_4$（3+4）表示第2次腕板共4块，第3块至第4块板之间为不动关节；Ⅰ$Br_1$指第1次腕板中的第1块板。腕的两侧有一系列的附属肢，称为羽枝。羽枝由羽枝节构成，其节数和形状在分类上很重要，描述时常用$P_1$、$P_2$、$P_3$表示不分支腕外侧的第一、第二、第三羽枝。

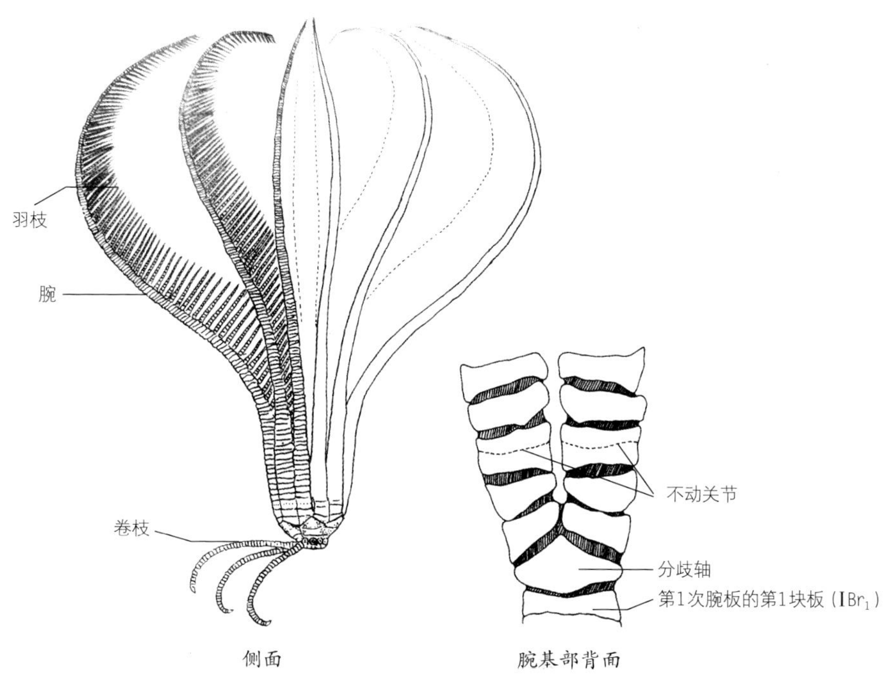


海羊齿的示意图（仿Liao和Clark，1995）

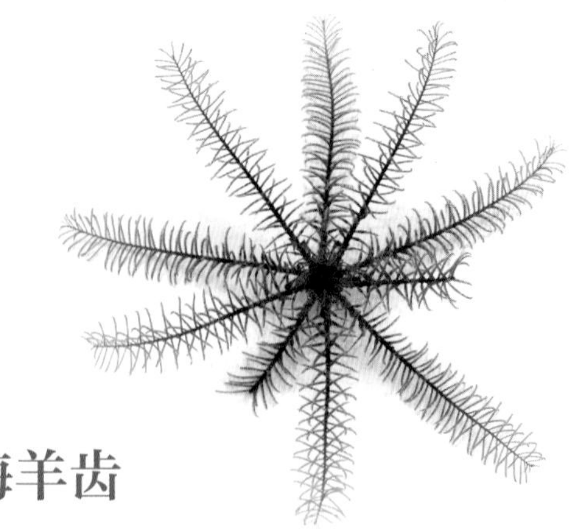

# 锯羽丽海羊齿

**学　　名** *Antedon serrata*

**分类地位** 栉羽枝目海羊齿科海羊齿属

**形态特征** 体为黄褐色，腕上常有棕色斑纹。中背板为半球形，背极很小。卷枝窝密集，呈不规则的2～3圈排列。卷枝有10～14节，起始2节短，第4节以后各节外端膨大，长大于宽。卷枝节的背面平滑，无背棘。腕10个。腕中部和远端的羽枝都很细。

**生态习性** 多栖息于低潮带或潮下带岩石底或带贝壳的石砾底，栖息水深可达63 m。

**地理分布** 在我国，锯羽丽海羊齿分布于黄海、福建和台湾海域。

# 蛇尾纲

蛇尾纲是棘皮动物门中种类最多的一个纲，现存约2 000种。蛇尾类的体盘圆形或五角形，小而扁平，外形上与海星类似，但体盘和腕的分界明显，步带沟封闭。真蛇尾类的腕没有分支，多数为5个；每一腕节多数有4块腕板，即1个背腕板、2个侧腕板和1个腹腕板。侧腕板上生有数目不等的腕棘。腹腕板和侧腕板之间有2列触手孔，各孔边缘常有1到多个触手鳞。体盘背面常盖有大小和形状不同的小板或鳞片。体盘周围近腕基部两侧，各有1对大而明显的板，称为辐楯。辐楯大小、形状，以及两辐楯分离还是相接随种类不同而异，是常用的分类依据之一。有些种在辐楯外缘有1对腕栉。体盘腹面中央有口，各间辐部有1个大的口盾。各口盾内侧有1对“八”字形排列的侧口板，再向内为左右2块小板合成的颚，其两侧常有1到数个口棘。颚顶具有1列齿。有些种最下面的齿分化为簇状的小齿，称为齿棘。蛇尾口部的构造是其最重要的分类依据。

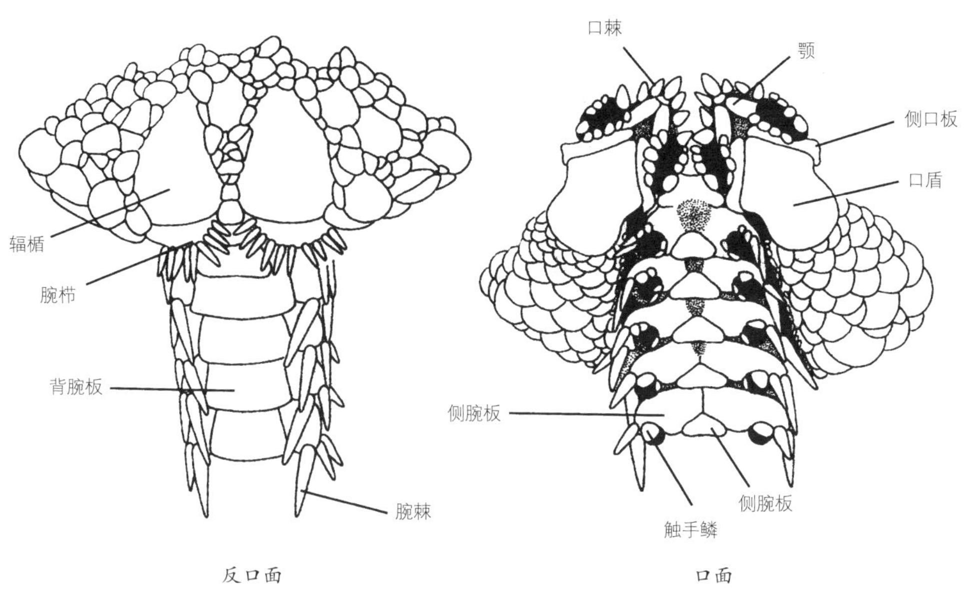


蛇尾的外形示意图（仿廖玉麟，2004）

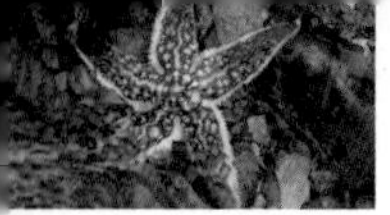



# 马氏刺蛇尾

**学　　名**　*Ophiothrix* (*Ophiothrix*) *exiqua*

**分类地位**　真蛇尾目刺蛇尾科刺蛇尾属

**形态特征**　体色变化很大，有绿色、蓝色、褐色、紫色等。腕上常有深浅不同的斑纹。体盘呈五叶状。腕长为体盘直径的4～5倍。背面密生又短又粗的小刺，小刺上端至少有3个细刺。辐楯大，呈三角形，外缘凹进，彼此分开；其上也生有小刺，但比体盘上的稀疏。背腕板为菱形或稍呈六角形。第一腹腕板很小，内缘凹进；第二和第三腹腕板为长方形；以后的各板逐渐变短，为六角形或椭圆形。腹腕板前后不相接。

**生态习性**　常栖息于岩石下、海藻间、石缝内和贝壳中。

**地理分布**　为我国沿海常见种，从辽宁到广东海域均有分布。

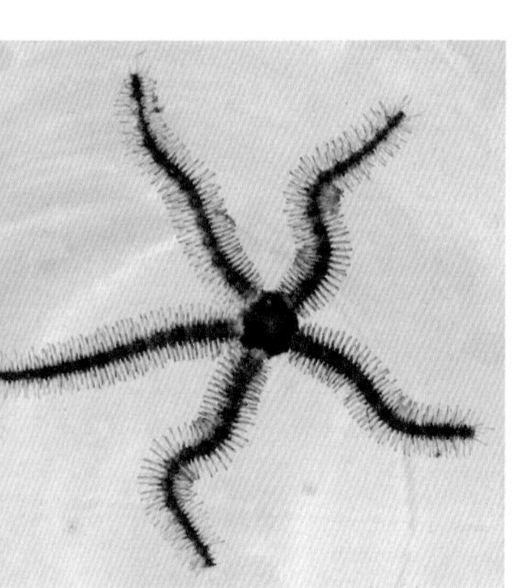

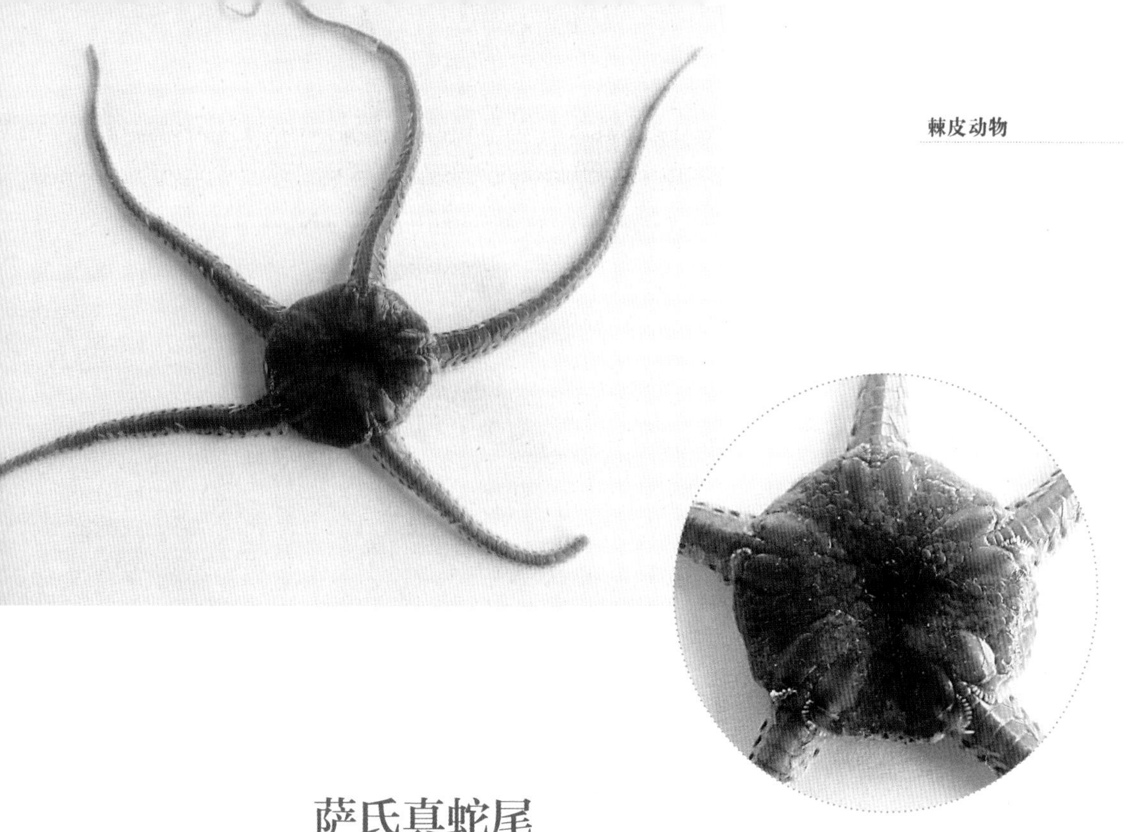

# 萨氏真蛇尾

**学　　名**　*Ophiura sarsii*

**分类地位**　真蛇尾目真蛇尾科真蛇尾属

**形态特征**　体色变化大，通常为深灰色或浅灰色，有时带褐色或黄色。体盘又低又平。体盘上的鳞片大小不等，排列无规则。腕5条，腕长约为体盘直径的4倍。初级板不明显。辐楯又短又宽，彼此完全分离。腕栉发达，栉棘细长，从上面可以看到12～14个栉棘。背腕板扇形，腕基部的又宽又短。

**生态习性**　多栖息于低温高盐水域，栖息水深多为40～60 m，为黄海冷水团的优势种。对底质适应性广，泥底、沙底或带贝壳的泥沙底均有分布。

**地理分布**　分布于我国黄海和东海北部，朝鲜半岛海域、日本海、符拉迪沃斯托克（海参崴）海域也有分布。

# 紫蛇尾

**学　　名**　*Ophiopholis mirabilis*

**分类地位**　真蛇尾目辐蛇尾科紫蛇尾属

**形态特征**　生活时体呈鲜艳的紫色，腕上有白斑或白色环纹。体盘圆形，稍隆起。背面盖有大小不等的鳞片，每个鳞片周围有许多颗粒状凸起。体盘中央和间辐部散布有又短又钝的小棘。辐楯大而发达，被2～3个大型鳞片所分隔。腹面间辐部也有小鳞片和小棘。腕长约为体盘直径的4倍。背腕板很特别，每个背腕板被1行附加小板所包围，并在两侧各有1个大的附属板。

**生态习性**　多栖息于水深30～50 m的低温高盐水域，泥底、沙底或带贝壳的泥沙底均有分布。喜集群生活。

**地理分布**　分布于我国黄海北部和中部，朝鲜半岛海域、日本海域、鄂霍次克海南部也有分布。

# 司氏盖蛇尾

学　　名　*Stegophiura sladeni*

分类地位　真蛇尾目真蛇尾科真蛇尾属

形态特征　生活时为鲜艳的橙红色。体盘高而厚，上有覆瓦状排列的大鳞片。中背板通常明显，呈五角形。辐楯粗壮，仅中部相接，内端被一大的三角形鳞片分隔，外端被第一背腕板分开。腕又粗又短，基部特别高，向末端急剧变细。背腕板长六角形，彼此相接。腕栉均发达，从上面可见22～24个栉棘。腕基部的腹腕板中央脊明显、连续，脊两侧的沟深而陡。侧腕板高而发达，上下不相接。真腕棘3个，1个在上，2个在下；次级棘12个，紧密地排列于腕侧。

生态习性　多栖息于水深10～100 m的泥沙底。

地理分布　分布于我国黄海和东海北部，朝鲜半岛海域、日本海和相模湾、俄罗斯远东地区海域也有分布。

# 海胆纲

海胆纲现生种有800种左右，我国记录有93种。海胆壳体主要由规则的石灰质板构成；壳型多变，呈球形、半球形、心形或盘状。壳由20列骨板构成，包括10列具有管足的步带和10列无管足的间步带。海胆有口面和反口面之分，反口面的中央称为顶系。根据肛门是否在顶系之内，可将海胆分为正形海胆和歪形海胆两大类。

正形海胆是指肛门位于顶系内的海胆，其一个重要特征是具有5列双行的管足，从围口部到顶系呈放射状排列。正形海胆的口位于口面中央，具有5个突出的齿。口周围有膜质的围口部，围口部和棘间散生着叉棘，其形状和类别是海胆分类的重要依据。正形海胆的顶系由围肛部、5个生殖板及5个眼板共同组成。

歪形海胆围肛部从反口面的中央移到壳后缘或腹面，相应的由五辐射对称变为两侧对称。心形海胆和盾形海胆是现存的两类歪形海胆。心形海胆的围口部位于前方，后缘有一个由后间步带突向口部的唇板，围肛部多数在口面。心形海胆的壳上常有弯曲和平滑的细线，称为带线，是由细小、密集的棒状棘着生所形成的痕迹。带线是心形海胆分类的主要依据。典型的盾形海胆身体很薄，体表密盖毛状短棘。围口部在口面中央。围肛部也在口面，但位置有变化。

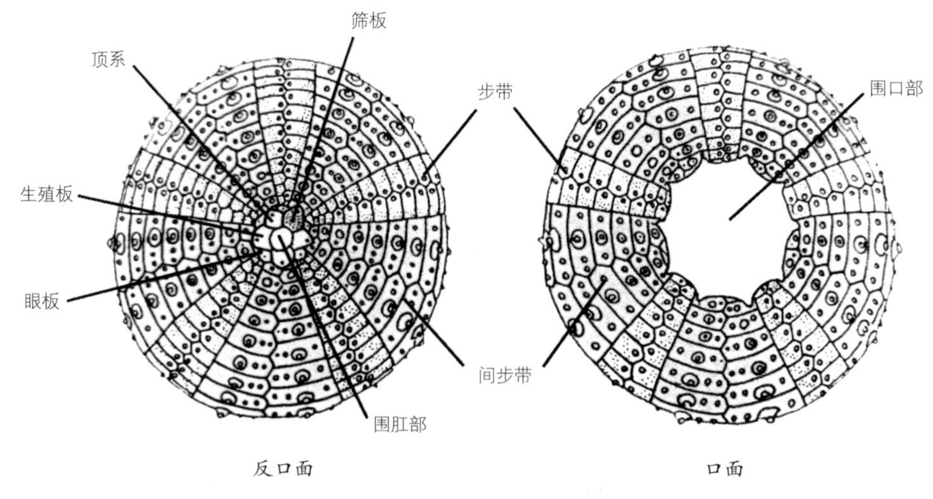


正形海胆壳的外形示意图（仿Schultz，2006）

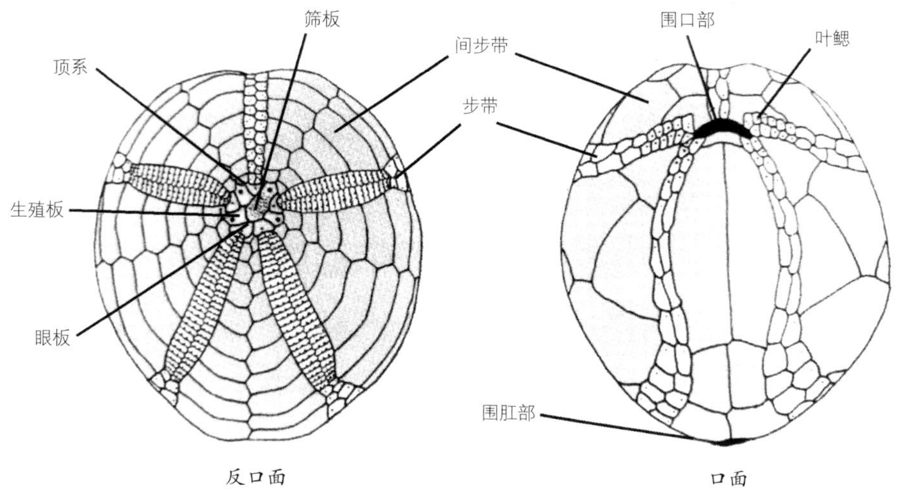


心形海胆壳的外形示意图（仿Schultz，2006）

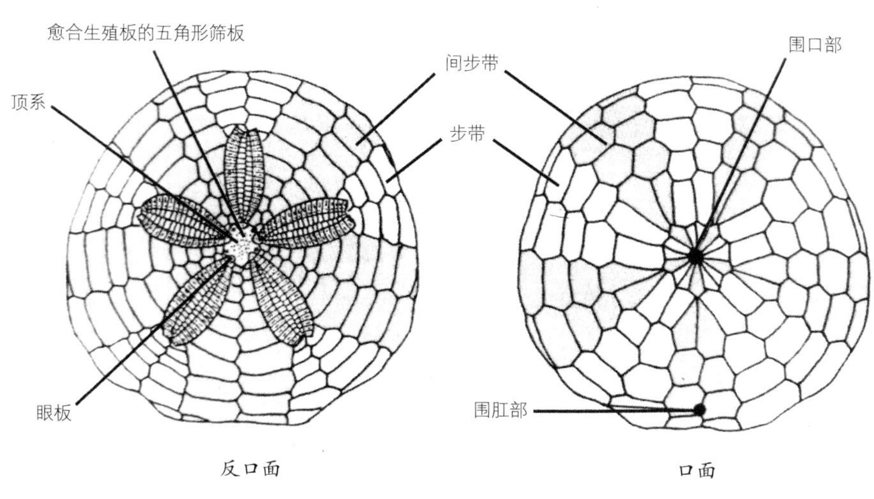


盾形海胆壳的外形示意图（仿Schultz，2006）

# 马粪海胆

学　名 *Hemicentrotus pulcherrimus*

俗　名 海螺锅子、刺锅子、海刺猬

摄影：姚韡远

**分类地位** 拱齿目球海胆科马粪海胆属

**形态特征** 体呈半球状，浑身长满了硬的棘和柔软的管足。棘的长度一般为4～5 mm，颜色以暗绿色居多，但灰褐色、赤褐色、灰白色乃至白色的棘也时有发现。管足白色且可伸缩，末端略膨大成吸盘状，呈五辐射排列。海胆的口位于腹面，肛门位于背面。

**生态习性** 喜欢栖息于岩礁、沙石和砾石底浅海，借助管足和棘在海底缓慢地匍匐运动。它的管足有时能帮助它吸附在岩石上。一般以大型海藻为食。海藻丰富的时候，它对海带及裙带菜等褐藻有明显的选择性；在食物匮乏条件下，其食谱则变得相当广泛。

**地理分布** 分布于我国渤海、黄海和东海，最南可达福建平潭岛海域；也分布于日本沿岸的函馆到相模海和濑户内海，向南可到鹿儿岛海域。

**小贴士**

由于海胆对海藻有很强的掠食性，海胆暴发时会将海藻一扫而光，破坏海底植被，导致浅海区荒漠化。马粪海胆行动缓慢。为了躲避天敌，它常将海藻、贝壳甚至小石块吸附在自己的壳上作为伪装。

**小贴士**

在日本，海胆的生殖腺（俗称海胆黄）可制成刺身，或盐渍后制成一种叫“云丹”的高级食品。由于捕捞过度和生境破坏，马粪海胆种群数量下降明显。

# 光棘球海胆

**学　　名** *Strongylocentrotus nudus*

**别　　名** 大连紫海胆、黑刺锅子

**分类地位** 拱齿目球海胆科球海胆属

**形态特征** 体呈半球状。生活时壳为灰绿色或灰紫色，成体棘为紫黑色，幼小个体的棘为紫褐色或黑褐色。口面平坦，围口部边缘稍向内凹，邻近的步带宽度等于间步带的宽度，但向上则步带较窄，宽度约为间步带的2/3。每个步带板上有1个大疣、2～4个中疣和许多小疣，每6～7对管足孔排成斜弧形。赤道部各间步带板上有1个大疣；其旁有15～22个中疣和小疣，排列成半环形。顶系稍隆起，肛门偏于后方，围肛部近似圆形。大棘粗壮，长可达30 mm。

**生态习性** 栖息于沿岸浅海至水深180 m海藻较多的岩礁底。繁殖季节在6～7月中旬。

**地理分布** 分布于日本北部沿海，俄罗斯萨哈林岛（库页岛）和符拉迪沃斯托克（海参崴）沿海，我国辽东半岛和山东半岛北部沿海。

**经济意义** 生殖腺可食用。

**保护级别** 被《中国物种红色名录》列为濒危动物。

# 中间球海胆

**学　　名**　*Strongylocentrotus intermedius*

**别　　名**　虾夷马粪海胆

**分类地位**　拱齿目球海胆科球海胆属

**形态特征**　壳近半球状，壳高略小于壳径的1/2。体色变化较大，有绿褐色、黄褐色等。口面平坦且稍向内凹，反口面隆起稍低，顶部比较平坦。步带由反口面至口面逐渐变宽，赤道部以上步带宽度约为间步带的2/3，在围口部周围步带略宽于间步带。步带无孔部及间步带均生有2纵列大疣。壳自口面观接近正五边形，棱角圆滑。大棘针形，短而尖锐，长5～8 mm。幼小个体的棘的顶端常呈白色。

**生态习性**　栖息于沙砾、岩礁地带50 m以浅海域，水深5～20 m处分布较多。属冷水性种类，生存水温范围为−2℃～25℃，成体生长的适宜水温为15℃～20℃。

**地理分布**　分布于日本北海道及以北沿海，以及俄罗斯萨哈林岛（库页岛）沿海等地。中间球海胆在我国没有自然分布，但现已被引入大连、长岛和威海等地开展人工增养殖。

**经济意义**　生殖腺可食用。

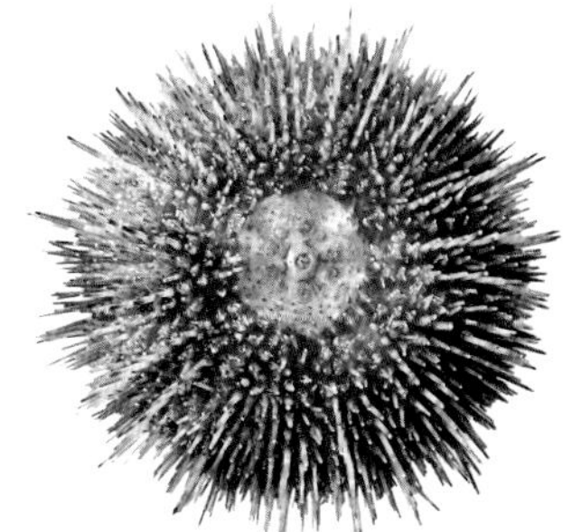

摄影：姚韡远

# 哈氏刻肋海胆

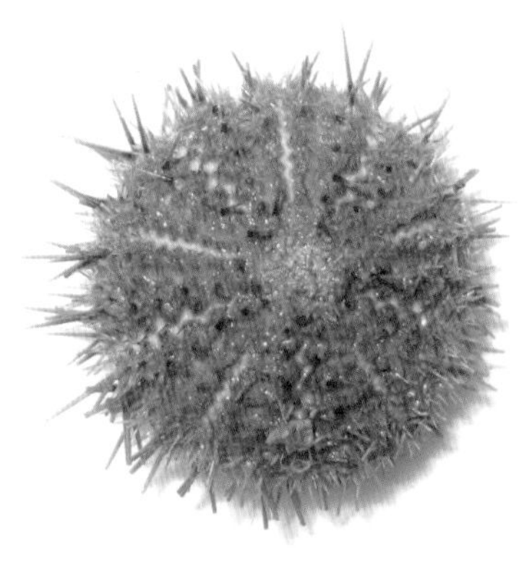

**学　　名**　*Temnopleurus hardwickii*

**别　　名**　北方刻肋海胆、刺沙螺、刺锅子

**分类地位**　拱齿目刻肋海胆科刻肋海胆属

**形态特征**　壳近半球状，壳高较壳径略小。壳为灰绿色或略带黄色，反口面各间步带中线和缝合线上的凹痕为灰白色。步带狭窄，比间步带稍隆起。步带板水平缝合线上的凹痕比间步带的小。步带的有孔带很窄，管足孔很小。间步带宽，间步带板水平缝合线上的凹痕大而明显，边缘倾斜，并且内端深陷成孔状。反口面大棘较短，黄褐色，没有横斑，但各棘基部为黑褐色。口面大棘稍扁平，颜色略浅，基部带褐色。

**生态习性**　栖息于水深5～35 m的浅海，底质多为沙砾、石块和碎贝壳，有时也栖息于泥沙底。

**地理分布**　为我国、日本及朝鲜半岛海域的特有种，向南可分布到福建北部海域。本种是黄海的优势种。

# 细雕刻肋海胆

**学　　名**　*Temnopleurus toreumaticus*

**别　　名**　刺沙螺、刺锅子

**分类地位**　拱齿目刻肋海胆科刻肋海胆属

**形态特征**　体呈高圆锥状。壳厚，坚实；形状从低的半球状到高的圆锥状不等。步带宽度约为间步带的2/3。各步带板的缝合线处有明显的三角形凹痕。每3对管足孔排列成弧形。赤道部各步带板有大疣和中疣各1个，并有许多小疣；各间步带板上有3个大疣和许多中疣、小疣。口面的大棘短小，呈针状；赤道部的大棘最长，末端又宽又扁；反口面的大棘较长，略弯曲。棘的颜色主要有3类：第1类是黑绿色的底子带浅色的横斑；第2类是浅绿色的底子带红紫色的横斑；第3类是浅黄色的底子带红紫色的横斑。

**生态习性**　栖息于从潮间带至水深40～50 m的泥沙底。产卵期在6月至7月下旬。

**地理分布**　广泛分布于印度-西太平洋；在我国，从辽东半岛一直到海南岛海域均有分布。

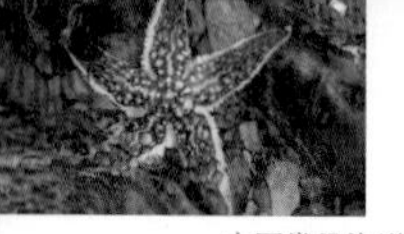



# 疏棘角孔海胆

**学　　名**　*Salmacis bicolor rarispina*

**分类地位**　拱齿目刻肋海胆科角孔海胆属

**形态特征**　壳高，呈圆锥状，薄而易碎。口面平，仅围口部稍凹陷。反口面的疣小且数目少，棘也又短又小且稀疏，故壳面显得光秃。步带的宽度约等于间步带的1/2，有孔带的宽度小于孔间带的1/2。幼小个体各步带板的水平缝合线上有菱形的浅凹痕，并在缝合线的各个角上有显明的三角形小凹孔；成年个体上的凹孔往往不明显或消失。反口面的大棘很短；口面的大棘稍长，在围口部的略弯曲，末端又宽又扁，略呈匙形。大棘浅黄色，有紫红色横带，基部为红色；反口面的小棘也多呈红色。

**生态习性**　栖息于水深0 ~ 117 m的泥沙质海底。

**地理分布**　在我国，疏棘角孔海胆是南海和北部湾的常见种；在印度尼西亚、菲律宾近海分布也较广。

# 杂色角孔海胆

**学　　名** *Salmacis sphaeroides*

**分类地位** 拱齿目刻肋海胆科角孔海胆属

**形态特征** 壳近似圆锥状，形状变化较大。壳的轮廓近似五角形，小一点的个体为圆形。壳表面颜色从反口面向口面逐渐变浅。反口面暗绿色或暗灰色；口面颜色较浅，多为浅灰色或浅绿色，甚至近白色；赤道部可以明显看到两种颜色的交替。大棘分布均匀、广泛，整体呈绿色，末端有黄色、褐色或者黄绿色的环带。中棘长度与大棘相近，较细，多为赤褐色，有些带有少量黄褐色条带，末端常磨损或断裂，表面光滑。小棘细小，丛生，分布较广，多数为赤褐色。

**生态习性** 多栖息于水深0 ~ 90 m的海域，特别是有海草和泥沙的海滩，或泥沙和岩礁混合区的礁石下。

**地理分布** 分布于印度–西太平洋。在我国，杂色孔海胆分布于台湾、香港、广东和海南岛海域。

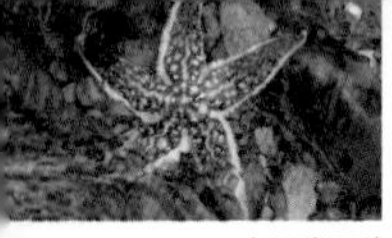



# 海刺猬

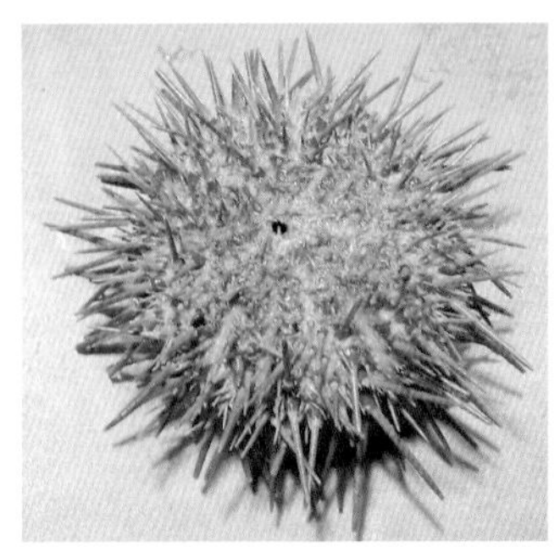

**学　　名** *Glyptocidaris crenularis*

**别　　名** 黄海胆、黄刺锅子

**分类地位** 脊齿目疣海胆科海刺猬属

**形态特征** 壳略扁，黄绿色。步带狭窄，宽度约为间步带的1/2。在赤道部以上，沿各步带和间步带中线，各有1条没有管足和疣突的间隙（称裸出带）。大棘粗壮，表面有光泽，长度约等于壳的半径；末端又钝又扁。反口面大棘为灰褐色，口面的棘为灰色，棘的末端带红色。

**生态习性** 栖息于水深10～150 m的沙底。

**地理分布** 仅分布于黄海和日本海。

**经济意义** 生殖腺可食用。由于过度捕捞，其资源量已急剧下降。

# 梅氏长海胆

**学　　名**　*Echinometra mathaei*

**分类地位**　拱齿目长海胆科长海胆属

**形态特征**　壳为椭球状，黑色。反口面稍隆起。整个围口部向内凹陷，使口面拱起，从侧面看呈肾脏形。各步带有2纵行大疣。一般是4对管足孔排列为一弧形，但也有5对者掺杂其间。间步带的大疣也排列为2纵行。大棘的长度约等于壳长的1/2，下部粗壮，上端尖锐。壳两侧的大棘比两端的略短。棘的颜色变化很大：有黑紫色、褐色、绿色、乳白色等，也有肉红色、灰色或灰色且带白尖的。大棘基部的磨齿环通常呈白色。

**生态习性**　多穴居在潮间带洞深30 ~ 40 cm的珊瑚礁洞内。

**地理分布**　广泛分布于印度洋和西太平洋热带水域。在我国，梅氏长海胆分布于台湾海域和南海。

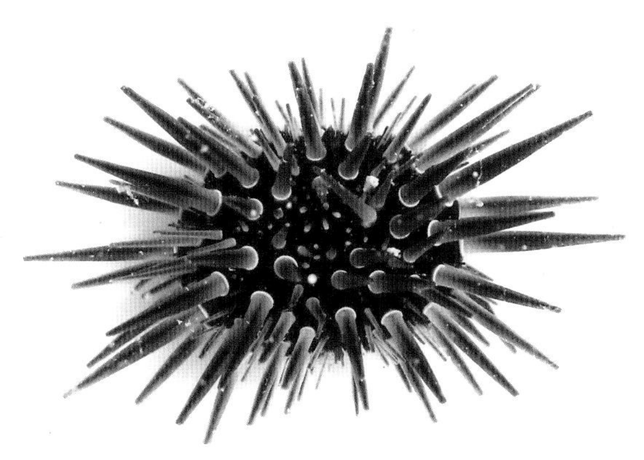

# 紫海胆

**学　　名**　*Anthocidaris crassispina*

**别　　名**　海针、海栗子、海底空

**分类地位**　拱齿目长海胆科紫海胆属

**形态特征**　壳半球状，坚固，暗绿色。在反口面，每7～9对（通常为8对）管足孔排列成一弧形；但到口面，组成弧形的管足孔对减少。步带和间步带各有2纵行大疣，大疣的两侧各有1行中疣，此外沿着步带和间步带的中线还各有1行交错排列的中疣。大疣到口面变得很小且不明显。大疣和中疣的顶端为浅紫色，基部为绿色。大棘强大，末端尖锐，长度约等于壳的直径；一侧的棘常比相对侧的棘更长、更大。成体的棘为黑紫色；幼小个体的棘为灰褐色、灰绿色、紫色或红紫色，并且口面的棘上常有斑纹。

**生态习性**　栖息于沿岸，最深可达85 m。退潮后在岩石下和石头缝中很容易采到。

**地理分布**　在我国，紫海胆分布于浙江、福建、台湾、广东和海南岛沿海；南日本海也有分布。

**经济意义**　生殖腺可食用。

**保护级别**　被《中国物种红色名录》列为濒危动物。

# 白棘三列海胆

**学　　名** *Tripneustes gratilla*

**别　　名** 海胆虎、马粪海胆

**分类地位** 拱齿目毒棘海胆科三列海胆属

**形态特征** 壳高，轮廓略呈五角形。壳的孔间带为黑色、紫色或暗粉红色，有孔带为白色。步带宽度约为间步带的4/5，在反口面，步带比间步带略高并且沿着中线有1条狭长的裸出带。成年个体的管足孔对排列为3纵行。每2～3个步带板上有1个大疣，这些大疣在赤道部排列为不规则的4纵行。间步带从赤道部以下略凹陷，且各有1条裸出带。间步带的大疣在赤道部不整齐地排列为6～8纵行。反口面的大棘短而尖锐，表面有细痕。口面的大棘稍钝。大棘通常为白色，也有橙色、黑色或黑紫色的。

**生态习性** 栖息于热带沿岸浅海海草多的沙底，吃藻类和其他水生植物。生殖腺在7～8月成熟。

**地理分布** 为印度–西太平洋的广布种，在我国台湾、广东、海南岛和西沙群岛海域常见。

**经济意义** 生殖腺可食用。

**保护级别** 被《中国物种红色名录》列为濒危动物。

# 喇叭毒棘海胆

**学　　名**　*Toxopneustes pileolus*

**分类地位**　拱齿目毒棘海胆科毒棘海胆属

**形态特征**　壳低而厚，轮廓稍呈五角形，橄榄绿色，有6～7条呈同心圆排列的白色和紫色的横带。口面从周缘到围口部逐渐凹陷。步带的宽度约为间步带的2/3。步带板上的大疣几乎与间步带板上的等大，并且排列有一定规则：第一板上有1个大疣和1个中疣，第二板上只有1个发达的中疣。每3对管足孔排列为一斜向的弧形。反口面各间步带的中线有1条裸出带。赤道部各间步带板上有4～6个几乎等大的疣，排列为1横行。口面的大棘表面有纵行的沟、棱和白绿相间的横带。反口面的大棘较短，基部为绿色。球形叉棘有毒，基部为紫色，呈小花状或喇叭状：大者长达2 mm，头部宽达3 mm；小者截面呈钝三角形，边缘色浅或为白色，末端的齿垂向下方。

**生态习性**　栖息于潮间带至潮下带珊瑚礁区，常常以管足吸附海藻、海草和珊瑚碎片于反口面作为伪装。主要以大型海藻或海草为食。

**地理分布**　广泛分布于印度-西太平洋，在我国海南岛南部和西沙群岛海域常见。

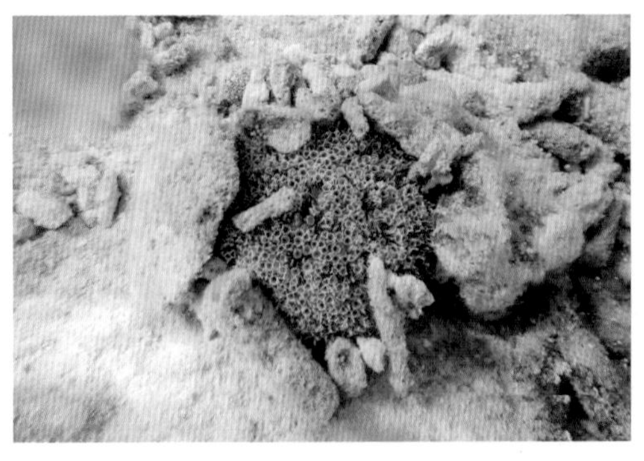

# 环刺棘海胆

**学　　名**　*Echinothrix calamaris*

**分类地位**　管齿目冠海胆科刺棘海胆属

**形态特征**　壳的轮廓略呈五角形，反口面和口面都较平。步带很窄，在反口面稍隆起，间步带则凹陷。步带到围口部边缘稍变宽，且对着它的中线有1个V形刻痕。每3对管足孔排列为一弧形。间步带很宽，并且沿着它的中线有明显的、光滑的裸出部。反口面间步带的大棘中空而脆，容易折断，表面有纵行的沟、棱和环轮。口面间步带的大棘扁平，末端钝。步带的大棘和间步带的不同，呈针状，顶端有倒钩。间步带大棘普遍有黑白相间的横带，也有具绿色、褐色、紫色、粉红色和红色带的。步带的棘为黄色。

**生态习性**　栖息于珊瑚礁内，吃藻类及附在物体表面的有机物。

**地理分布**　广泛分布于印度–西太平洋，在我国海南岛南部和西沙群岛海域常见。

> **小贴士**
>
> 环刺棘海胆步带的大棘有毒。人被其刺中后会感到剧痛。

# 冠刺棘海胆

**学　　名** *Echinothrix diadema*

**分类地位** 管齿目冠海胆科刺棘海胆属

**形态特征** 壳的轮廓为圆形。壳为黑紫色；也有的为黑绿色，有着颜色较暗的环带。反口面和口面都是平的。步带很窄，在赤道部最窄，靠近顶系和围口部处稍微加宽。成年个体反口面步带常稍微隆起。步带的疣到赤道部增大，但数目减少，排列为2纵行。间步带很宽，平或稍微凹陷，沿着它的中线没有明显的裸出部。间步带的大棘表面有细的纵沟。步带的大棘或毒棘很短，呈细针状，顶端有倒钩。步带的棘带黄色。

**生态习性** 栖息于珊瑚礁内，吃藻类及附在物体表面的有机物。

**地理分布** 广泛分布于印度-西太平洋，在我国海南岛南部和西沙群岛海域常见。

# 刺冠海胆

**学　　名** *Diadema setosum*

**别　　名** 海针

**分类地位** 管齿目冠海胆科冠海胆属

**形态特征** 全体为黑色或暗紫色。间步带的裸出部有明显的白色或绿色斑纹。生殖板上有蓝点，肛门周围有1个杏黄色或红色圈。壳薄，为半球状，很脆。步带狭窄，稍隆起，在赤道部的宽度约等于间步带的1/4。有孔带到口面变宽。每3对管足孔排列成弧形。肛门生在圆锥状管上。口面的大棘为棒状；反口面的大棘为细长的针状，中空且带环轮。大棘常有黑白相间的横带，有的带红色或绿色，还有的个体在普通的大棘中夹杂着白色大棘。

小贴士

刺冠海胆有毒。人被刺后，会感到剧痛。

**生态习性** 栖息于珊瑚礁内，躲在珊瑚礁缝内或石块下，也有时聚集在珊瑚礁附近的沙滩上。

**地理分布** 为印度–西太平洋广布种，在我国广东、海南岛和西沙群岛海域常见。

# 蓝环冠海胆

**学　　名** *Diadema savignyi*

**别　　名** 沙氏冠海胆

**分类地位** 管齿目冠海胆科冠海胆属

**形态特征** 壳顶围肛板外有1圈蓝色环带，并与步带处5对纵走的蓝线相连。壳顶有5处呈白色。肛乳突或全为黑色，或在开口处有1个白色环。成体的棘黑色，有时夹杂着白色棘，特别是在口面。幼小个体的棘上有横带，有时成体的棘上也有横带。

**生态习性** 栖息于沿岸浅海，最深可达70 m。常常栖息在珊瑚礁附近。

**地理分布** 分布于印度洋和南太平洋。在我国，蓝环冠海胆分布于台湾、海南岛和西沙群岛海域。

# 扁平蛛网海胆

**学　　名** *Arachnoides placenta*

**别　　名** 海钱

**分类地位** 楯形目蛛网海胆科蛛网海胆属

**形态特征** 壳很薄，近乎圆饼状；为黑褐色或灰紫色，有时稍带草黄色。大棘又细又短，密生于壳的表面，有2种形状：一种为棒状，末端膨大且弯曲；另一种稍长，较直或略微弯曲，但末端不膨大。步带宽，间步带很窄。在壳的边缘，间步带的宽度等于步带的1/4～1/3。反口面各步带的无孔部稍稍高起，间步带略微凹陷。围肛部位于反口面壳的后部，从肛门到壳缘有1条显著的短凹槽，并且在壳缘形成1个深缺刻。

**生态习性** 栖息于潮间带的沙滩上，潜伏在浅沙内，并常留有圆形痕迹。天冷时，它们有向深处移动的现象；天暖时，又渐渐回到低潮线附近。

**地理分布** 在我国，扁平蛛网海胆分布于福建、广东和广西沿海。印度洋，马来西亚、澳大利亚西北部和昆士兰、菲律宾及日本南部沿海也有分布。

# 石笔海胆

**学　　名**　*Heterocentrotus mammillatus*

**别　　名**　烟嘴海胆、粗棒海胆、铅笔海胆

**分类地位**　拱齿目长海胆科石笔海胆属

**形态特征**　体色随栖息环境的不同而发生变化。壳截面为椭圆形，很厚，坚实。背面隆起，口面平坦，围口部大，口缘不凹陷。口面的大棘极粗，其长度约等于壳径或更长些；棘基部为圆柱状，上端膨大成球棒状或三棱状。口侧的大棘末端扁平，呈鸭嘴状，其长度从赤道部到围口部逐渐减小。反口面的大棘短而粗壮，大小不等；顶端平滑，呈多角形。大棘的颜色变化很大，通常为深浅不均的褐色，也有时带灰色或黑紫色，末端常有1～3条浅色环带；扁平的大棘的末端常为红色。中棘为楔形，呈铺石状生在壳的表面，呈白色、褐色或者黑紫色。

**生态习性**　栖息于沿岸珊瑚礁的洞穴中，有时可见于水深25 m处。幼小时也常栖息于潮池中。它们啃噬附着在珊瑚礁表面或海底的有机物。4月产卵。

**地理分布** 广泛分布于印度-西太平洋。在我国，石笔海胆分布于台湾海域和南海。

**经济意义** 粗大的棘可制成项链等装饰物；还可将其掏空制成烟嘴，故其亦称为烟嘴海胆。

**保护级别** 被《中国物种红色名录》列为濒危动物。

# 海星纲

全世界现生的海星纲种类包含36科370属约1 900种，我国记录了86种。海星大多为五角形或星形，身体中央为体盘，从体盘向外伸出5个或5个以上的腕，体盘和腕之间没有明显的界线。一般用*R*表示体盘中心到腕末端的距离，用*r*表示体盘中心到间辐部边缘的距离。体盘中央有口的一面称为口面；相对的一面称为反口面，是肛门所在的一面。从口向每个腕伸出1条敞开的沟，称为步带沟；沟内有2列或4列管足。步带沟的两侧各有1列侧步带板。很多海星的腕和体盘的边缘有明显的上缘板和下缘板。板上所生的棘、疣、颗粒或叉棘常随种类而异，是海星分类的重要依据。

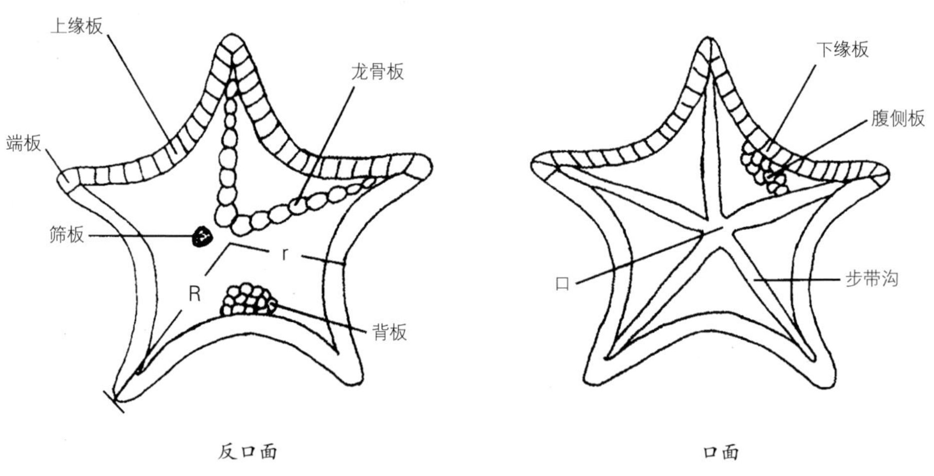


海星骨板的示意图（仿赵世民和苏焉，2009）

# 多棘海盘车

学　　名 *Asterias amurensis*

别　　名 五角星、海星、星鱼

分类地位 钳棘目海盘车科海盘车属

形态特征 体扁，背面稍隆起，口面很平。体色鲜艳；反口面除结节、棘、叉棘和腕的边缘为浅黄色或黄褐色外，其余部分全为鲜亮的紫色；口面为浅黄褐色。腕5个，基部宽，末端渐渐变细，边缘很薄。背板结合成致密的网状，龙骨板不是很明显。背棘短小，分布不很密；各棘的末端稍宽、扁，顶端带细锯齿。上缘板形成腕的边缘，各板有较多的上缘棘：少的有4个，多的有7个，一般为5～6个。管足4行，吸盘发达。筛板1个，圆形。

生态习性 栖息于潮间带岩礁底或沿岸浅海泥沙底。产卵期在青岛为11～12月。

地理分布 分布于我国渤海和黄海，以及俄罗斯远东地区沿海、日本沿海。

经济意义 消化腺和生殖腺可食用。可入药。

# 粗钝海盘车

**学　　名** *Asterias argonauta*

**分类地位** 钳棘目海盘车科海盘车属

**形态特征** 体扁，背面隆起。反口面为紫蓝色或赤褐色，口面为黄褐色。腕5个，宽而扁，尤其是幼小个体的腕更显粗钝。$R : r$约为4.2。背面骨板结合成网状且网目比较密。每个结节上有1～3个粗壮的背棘。背棘上端斜切成凿形且有1条深沟槽。上缘板各有3～4个比较粗壮的上缘棘；各棘顶端也呈凿状，有沟槽。下缘板大多有2个下缘棘，但有的板上有1个或3个下缘棘；各棘上端也有沟槽。

**生态习性** 栖息于潮间带岩石底至潮下带沙底。

**地理分布** 在我国，辽宁小长山岛和海洋岛海域，山东烟台海域等地均产。此外，在日本海南部及朝鲜半岛海域也有分布。

**经济意义** 幽门盲囊和生殖腺可食用。可入药。

**小贴士**

多棘海盘车和粗钝海盘车喜食双壳贝类，是海水贝类养殖业的敌害生物。

# 日本滑海盘车

**学　　名**　*Aphelasterias japonica*

**分类地位**　钳棘目海盘车科滑海盘车属

**形态特征**　背面为深红色或红褐色，腕上有紫色斑点；有的个体为橙黄色、黄褐色或浅黄色；各腕末端为黄色，背中线有1条黄色纵走的条纹；口面为浅褐色、浅黄色或黄白色。体盘小而圆，背面有浅沟状的分界线。腕5个。反口面骨板结成网状且网目较密；龙骨板排列得很规则，各板上普遍有3～5个小棘。背侧板不规则，排列不整齐，各板上通常有1～3个小棘，最多5个。缘板排列得很整齐。各上缘板上普遍有2个柱状小棘，排成1横列。每个侧步带板有2个细长且末端又扁又钝的棘，排列为内外2纵行，外行者较粗。每个口板有2～3个大型口棘，棘上有小叉棘。

**生态习性**　栖息于潮间带岩岸和浅海的沙或泥沙底，水深可达80 m。

**地理分布**　为我国渤海海峡和黄海北部的常见种。日本北部海域和日本海、鞑靼海峡和萨哈林岛（库页岛）海域也有分布。

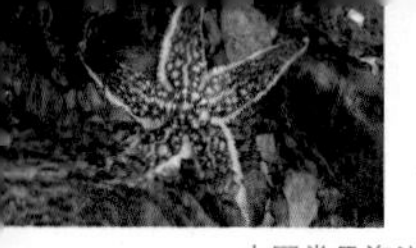



# 日本长腕海盘车

**学　　名** *Distolasterias nipon*

**分类地位** 钳棘目海盘车科长腕海盘车属

**形态特征** 反口面为灰蓝色或暗褐色，棘为黄色，棘基部的叉棘为黄白色。口面为浅黄色。体盘小，腕长。背板厚而坚硬。大型个体每个腕上通常有9列纵向背棘；龙骨板上有1个粗壮背棘，末端尖锐；其余背板上有1个背棘；背棘基部环生交叉叉棘，背棘间散生着一些直形叉棘和大量皮鳃。上缘棘1个，排列整齐，基部环生大量交叉叉棘。下缘棘2～3个，基部在近背面生有大量交叉叉棘。侧步带棘2个，末端圆钝；在基部近步带沟一侧着生有大的直形叉棘。

**生态习性** 栖息于水深30～150 m的软泥和泥沙底。

**地理分布** 分布于北太平洋亚洲沿岸。在我国，日本长腕海盘车分布于黄海中部、台湾北部海域。

# 砂海星

**学　　名** *Luidia quinaria*

**分类地位** 柱体目砂海星科砂海星属

**形态特征** 体型较大，*R*可达140 mm，*R*∶*r*为5～7。背面边缘为黄褐色到灰绿色，体盘中央到腕端有纵走的黑灰色或浅灰色带；口面为橙黄色。体盘小，间辐角近直角。腕普遍为5个，脆而易断。反口面密生小柱体。体盘中央和腕中部的小柱体较小，排列无规则。腕边缘的3～4行小柱体较大；最外1行形成缘板，各板上有1～2个瓣状叉棘。下缘板宽，占据腕口面的大部分；各板上有1个大的侧棘和1行较小的鳞状棘；侧棘基部的近口侧，有1个大的直形叉棘。腹侧板小而圆，呈单行排列到腕端；每板上有1个大的直形叉棘和4～6个排列成栉状的小棘。

**生态习性** 栖息于浅海水深4～50 m的沙、泥沙和沙砾底。

**地理分布** 为我国和日本沿海常见种。

# 斑砂海星

**学　　名** *Luidia maculata*

**别　　名** 八腕砂海星

**分类地位** 柱体目砂海星科砂海星属

**形态特征** 反口面黑色或橙红色，一般体盘中央布满黑斑，各腕上有5～7块稍呈同心圆排列的大黑斑。腕7～9个，多数是8个。最大个体的*R*达350 mm，*R*∶*r*约为8.5。反口面的小柱体较大而密集。体盘中央和腕中线的小柱体较小。腕中线两侧的小柱体大，排成纵行。

**生态习性** 栖息于水深30～600 m沙底。

**地理分布** 分布于印度–西太平洋。在我国，斑砂海星分布于福建、广东和海南岛海域。

摄影：孙世春

# 陶氏太阳海星

**学　　名** *Solaster dawsoni*

**别　　名** 太阳鱼

**分类地位** 有棘目太阳海星科太阳海星属

**形态特征** 反口面为深蓝色，腕端部呈橙黄色至橙红色。体盘大而圆。腕尖，10～15个。背板结合成网状，板上有平顶的、截面为圆形或椭圆形、大小不等的伪柱体。体盘上和腕基部的伪柱体较大，但排列无规则。侧面和腕端的伪柱体较小，错综着排列成斜行。通常，伪柱体上有1个乳头状中央凸起和10～30个颗粒状边缘小棘；有的中央凸起缺乏，被几个小棘所代替。

**生态习性** 栖息于水深25～400 m的泥沙底。

**地理分布** 在我国黄海常见。

# 轮海星

学　　名　*Crossaster papposus*

分类地位　有棘目太阳海星科轮海星属

形态特征　体色变异很大。体盘大，圆形，背面通常为鲜红色。腕短而尖，一般为9 ~ 11个，为白色且有几个宽的红斑。最大者$R$可达80 mm，$r$约40 mm。背板细，不发达，结合成不规则的网状，各网目中有1 ~ 10个皮鳃。背面的伪柱体很稀疏，大小不等，呈毛刷状；各伪柱体的下部为1个短柄，顶上有10 ~ 50个细、脆、透明且基部带膜的小棘。筛板小，圆形，稍靠近体盘的中心。

生态习性　为北温带种。通常栖息在水深30 ~ 70 m的泥沙贝壳底，栖息水深可达1 200 m。

地理分布　在我国黄海常见。

# 海燕

**学　　名** *Asterina pectinifera*

**别　　名** 五角星、海五星

**分类地位** 瓣棘海星目海燕科海燕属

**形态特征** 体扁平，呈钝五角形。反口面颜色变化很大，从完全深蓝色到完全丹红色的都有，通常为深蓝色和丹红色交互排列。口面为橙黄色。腕通常5个，但也有4～8个的。$R:r$约为1.5。反口面稍隆起，口面很平。体盘的边缘很薄。筛板大，呈圆形，通常1个，但也有2～3个的。

**生态习性** 栖息于潮间带的岩礁底，有的栖息于沙底或碎贝壳底。繁殖期在6～7月。

**地理分布** 分布于太平洋北部；我国渤海和黄海，以及俄罗斯远东地区、日本和朝鲜半岛海域有分布。

# 直棘海燕

学　　名　*Asterina orthodon*

别　　名　直齿海燕

分类地位　瓣棘海星目海燕科海燕属

形态特征　体薄，呈浅棕色。腕5个，短小。背板排列成覆瓦状。腹板排列紧密、规则，但不呈覆瓦状。每块腹板上有1列小棘，通常为3个。身体边缘小棘发达。肛门位于体盘中央，被1圈小棘包围。

生态习性　多躲藏在水深3～8 m珊瑚基部的岩缝中。

地理分布　为我国特有种，分布于台湾、广东、西沙群岛海域。

# 齿棘皮海燕

**学　　名**　*Disasterina odontacantha*

**分类地位**　瓣棘海星目海燕科皮海燕属

**形态特征**　体壁柔软，不像一般海星那样粗涩。腕5个。背面土黄色，边缘棘上有蓝紫色斑。腹面浅土黄色。腹板小刺上有蓝色皮膜，使腹面有许多蓝色斑，尤以腹缘最明显。肛门位于体盘中央，周围呈蓝紫色，被10多个小棘包围。

**生态习性**　夜行性。以沙底表面有机物为食。生活于水深2 m、基底多沙及珊瑚碎片的潮池中。

**地理分布**　为我国特有种，分布于台湾和西沙群岛海域。

# 中华五角海星

**学　　名**　*Anthenea chinensis*

**别　　名**　五角星、真五角海星、中华花瘤海星

**分类地位**　瓣棘海星目角海星科角海星属

**形态特征**　体坚实，呈五角形。背面为褐色，有红色、黄色、紫色或墨绿色斑点。皮肤很薄，反口面隆起，硬而粗糙似糠麸，各间辐中线有1条明显的裸出沟。腕5个，又短又宽，末端略上翘。$R:r$一般为1.6～1.8。背面骨板结合成网状，板上有大小不等的平顶的疣及小颗粒，并散生着许多小叉棘。上缘板12～19个，为长方形。各板上有许多球形颗粒，内端的常小而少，外端的大且多。下缘板大致和上缘板相对应，但略突出。口板大，呈三角形，各板有小的边缘棘10～12个；口面棘2行，和边缘棘平行，每行有4～6个棘。

**生态习性**　栖息于低潮线到水深75 m、带有碎贝壳和石块的泥沙底。

**地理分布**　分布于我国福建、台湾、广东和海南岛海域。

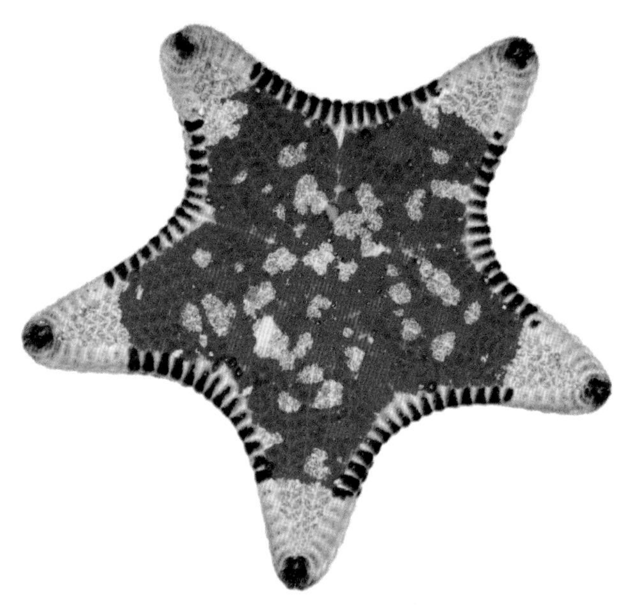

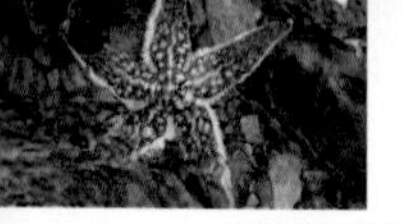



# 脊锯腕海星

**学　　名** *Asteropsis carinifera*

**分类地位** 瓣棘海星目锯腕海星科锯腕海星属

**形态特征** 体暗灰色。腕5个，腕的横截面略呈三角形。身体边缘变薄且围有1排棒状棘刺，身体背面腕中线的龙骨板上有1列棒状棘刺。筛板1个，裸露。肛门位于反口面中央，被许多短棘包围。管足2列，发达。步带棘2列：第1列步带棘大多4个一组；第2列步带棘较大，呈棒状，单个存在。

**生态习性** 夜行性。运动速度较一般海星快。栖息于水深1 ~ 5 m的珊瑚礁海域。

**地理分布** 广泛分布于印度–西太平洋，但马尔代夫海域除外。在我国，脊锯腕海星分布于台湾、海南岛和西沙群岛海域。

# 中华疣海星

**学　　名**　*Pentaceraster chinensis*

**分类地位**　瓣棘海星目瘤海星科疣海星属

**形态特征**　体红棕色。腕5个，末端微微翘起。体盘的初辐板突出成钝刺状，腕部中线区也有1列凸起的钝刺。反口面背板呈网状排列，骨板的表面密布颗粒，刺状节上无颗粒分布。口面骨板上的颗粒较大，靠近步带沟的颗粒之间分布有瓣状叉棘。皮鳃区大而明显。上、下缘板基本对应，一般各15个左右。上缘板上的钝棘分布靠近腕端，下缘板的钝棘的分布区域局限于间辅区。第一步带棘8～9个一组；第二步带棘4～6个一组，后面有3～4个大颗粒。

**生态习性**　栖息于水深8～15 m的珊瑚礁海域。

**地理分布**　为我国特有种，分布于台湾、广东、广西、西沙群岛海域。

# 奇异真网海星

**学　　名** *Euretaster insignis*

**别　　名** 网海星

**分类地位** 帆海星目翅海星科真网海星属

**形态特征** 体膨大，紫红色。腕5个，较粗壮，末端钝圆，稍上翘。反口面背板排列成网状，每个骨板上各有3～4个小棘，棘上覆盖有皮膜。肛门位于体盘正中央，有20～30个细棘围绕。每个皮鳃有60～90个皮鳃孔。步带沟宽。步带棘5个一组，与步带沟垂直排列，棘间有皮膜相连。靠近步带沟的棘较小，第五棘呈棍棒状。

**生态习性** 栖息于水深10～100 m的沙底。

**地理分布** 分布于印度–西太平洋。在我国，奇异真网海星分布于台湾、广东、海南岛和西沙群岛海域。

摄影：刘邦华

# 多孔单鳃海星

学　　名　*Fromia milleporella*

分类地位　瓣棘海星目蛇海星科单鳃海星属

形态特征　反口面为鲜艳的朱红色。腕5个。体扁平，基部较宽，末端钝圆。反口面背板不明显，密布颗粒。皮鳃单个，均匀分布在骨板交接处。筛板1个，位于间辐部，密布网纹。上、下缘板均略呈正方形，较明显，一般均约10个。上、下缘板表面均密布颗粒，无刺或棘。侧步带板一般为35个左右，不明显。

生态习性　栖息于水深5～15 m的珊瑚礁海域。

地理分布　广泛分布于印度–西太平洋浅水。在我国，多孔单鳃海星分布于台湾、西沙群岛和南沙群岛海域。

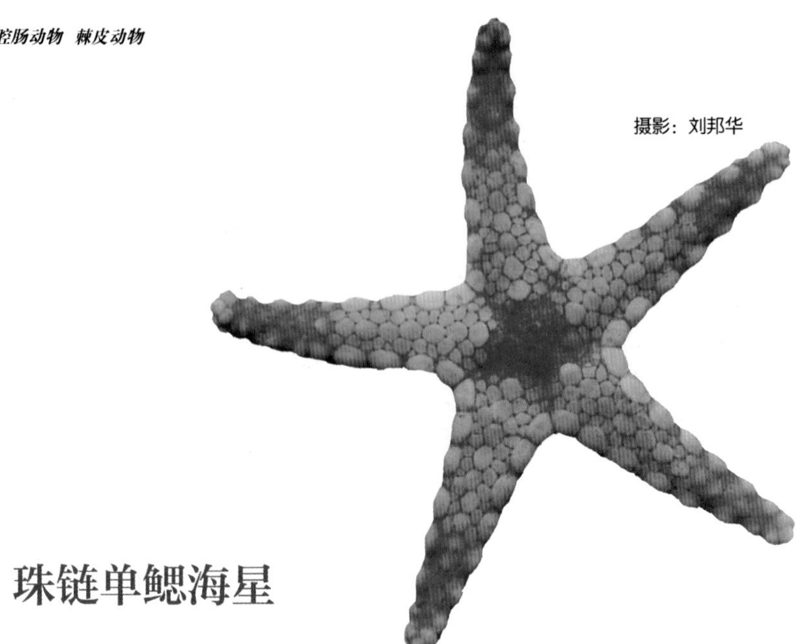
摄影：刘邦华

# 珠链单鳃海星

**学　　名** *Fromia monilis*

**别　　名** 单链蛇星

**分类地位** 瓣棘海星目蛇海星科单鳃海星属

**形态特征** 体盘中央及腕的末端为红色，腕的前半段为粉红色到粉紫色。体盘较大。腕5个，基部宽，末端渐变细，微上翘。反口面背板上密布颗粒，背板间隔不明显。骨板大小均匀，近似圆形，均匀分布成列。皮鳃单个，均匀分布于背板间。龙骨板处突出。上缘板一般10个左右，大而厚，近似椭圆形，大小不均，排列较为整齐。下缘板一般16个左右，较上缘板小。上、下缘板表面均密布颗粒，无刺或棘。侧步带板小，近似正方形，一般20个左右，由口板向腕延伸至腕长2/3处。每个侧步带板有2列棘：第1列是3个沟棘，扁平；第2列为2个亚步带棘，呈橡实状。间辐部较宽。腹侧板在近口部大，远离口部渐变小。口板上有棘11 ~ 12个。

**生态习性** 栖息于水深5 ~ 15 m的珊瑚礁海域。

**地理分布** 广泛分布于印度–西太平洋浅水。在我国，珠链单鳃海星分布于台湾、西沙群岛和南沙群岛海域。

# 飞纳多海星

**学　　名** *Nardoa frianti*

**分类地位** 瓣棘海星目蛇海星科纳多海星属

**形态特征** 体浅橙红色，腕上常有深橙红色斑块。腕5个，细长，横截面略呈圆形，末端尖而上翘。背板不同程度凸起，表面密布颗粒，并均匀分布着发达的、近半球状的瘤。上缘板一般30个左右，下缘板一般35个左右。下缘板较上缘板小。上、下缘板表面均密布近半球状的颗粒，无棘或刺。侧步带板整齐，略呈正方形。各侧步带板上有棘3列：第1列是5个沟棘，沟棘外侧粗钝；第2列4个棘；第3列2个棘。

**生态习性** 栖息于水深5～10 m的珊瑚礁海域。

**地理分布** 分布于印度–西太平洋，我国台湾、西沙群岛海域有分布。

摄影：刘邦华

# 新飞地海星

学　　名 *Neoferdina cumingi*

别　　名 棕缘蛇星

分类地位 瓣棘海星目蛇海星科飞地海星属

形态特征 体扁平，表面粗糙。反口面为浅褐色，但体盘中央为棕红色或紫红色。腕5个，基部较宽，向末端渐渐变细，末端钝圆。腕横截面略呈正方形。反口面上侧缘板和龙骨板上均有圆形棕色斑块。背板和腹侧板均形状不规则，明显向外凸起，表面密布细颗粒。骨板周围有1圈小颗粒。筛板1个，位于间辐部，表面布有稀疏的放射纹。龙骨板明显，在腕顶端膨大。上缘板一般13个左右，下缘板一般16个左右。上、下缘板均略像椭圆形，大小不一，排列整齐。侧步带板略呈椭圆形，明显凸起，一般40个左右。侧步带板上仅有1列棘。

生态习性 栖息于水深2～5 m的珊瑚礁海域。

地理分布 广泛分布于印度–西太平洋浅水。在我国，新飞地海星分布于台湾、西沙群岛和南沙群岛海域。

# 蓝指海星

**学　　名** *Linckia laevigata*

**分类地位** 瓣棘海星目蛇海星科指海星属

**形态特征** 体色变化很大，多为蓝色和灰蓝色，也有灰棕色或橙色个体。体盘小。腕5个，很长，长度不等，呈指状，外半段稍膨大。$R：r$约为10。反口面骨板大小不等，略像椭圆形，排列无规则。腕侧缘板排列成列。骨板上密生小颗粒。皮鳃椭圆形，分布在反口面腕上。筛板1个，位于反口面间辐部，略呈圆形。口面间步带板5列，呈正方形，规则排列成横列和纵列。

**生态习性** 栖息于潮间带到水深10 m潮下带的珊瑚礁海域。

**地理分布** 为印度–西太平洋常见种。在我国，蓝指海星主要分布于台湾、海南岛和西沙群岛海域。

# 长棘海星

**学　　名** *Acanthaster planci*

**别　　名** 魔鬼海星

**分类地位** 瓣棘海星目长棘海星科长棘海星属

**形态特征** 有的体为红色；有的背面为青灰色，皮鳃区为红色，大棘的顶端为红色。体盘大而平。腕9～20个，通常13～15个。$R$∶$r$约为2。反口面“十”字形的骨板间隔很宽，各网目间有小棘、颗粒和叉棘。各板上有1个长而带刺的棘。每棘下部有1个高柱或柄，上端尖锐；腕外端2/3的棘较长和粗壮，长可达四五十毫米。间辐部的棘较为粗大和扁平，呈舌片状。

**生态习性** 栖息于热带珊瑚礁附近的沙上。喜食石珊瑚水螅体。

**地理分布** 广泛分布于印度-西太平洋，我国海南岛南部和西沙群岛海域有分布。

摄影：姚韡远

# 面包海星

学　　名　*Culcita novaeguineae*

别　　名　馒头海星、海星

分类地位　瓣棘海星目瘤海星科面包海星属

形态特征　体为圆五角形。幼小个体比较平扁，缘板明显；成体背面膨胀，像面包。体色变异很大。反口面通常有深浅不同的灰色、褐色或红色斑纹，并常杂有黑色、蓝色、青色、黄色等；筛板为黄褐色或杏黄色。口面为深绿色、橙色、黄褐色和红色。高可达体盘直径（辐径和间辐径之和）的1/3 ~ 1/2。口面密生大小不等、排列无规则的疣状颗粒。筛板很大，靠近体盘的中央。

生态习性　栖息于沿岸珊瑚礁海域。

地理分布　南从毛里求斯到萨摩亚海域，北到日本南部海域均有分布。在我国海南岛南部和西沙群岛海域很常见。

保护级别　被《中国物种红色名录》列为濒危动物。

# 粒皮海星

**学　　名** *Choriaster granulatus*

**分类地位** 瓣棘海星目瘤海星科粒皮海星属

**形态特征** 体呈肉红色，皮鳃区呈较深的棕色，腕末端的颜色较浅。全体被有厚而柔软、似皮革的皮肤，表面光滑，在解剖镜下可看到密布的颗粒。体盘大而厚。腕5个，又短又粗，特别钝，几乎呈圆柱状。皮鳃不规则。筛板1个，位于反口面间辐部，呈椭圆形。上、下缘板不明显。侧步带板极不明显。沟棘由7～8个一组的扁平棘组成，亚步带棘由3个一组的扁平棘组成。口面间辐部有放射状凹陷，不明显。

**生态习性** 栖息于水深8～15 m的珊瑚礁海域。

**地理分布** 分布于印度–西太平洋。在我国，粒皮海星分布于台湾、西沙群岛海域。

# 吕宋棘海星

**学　　名**　*Echinaster luzonicus*

**分类地位**　有棘目棘海星科棘海星属

**形态特征**　体呈红色、暗红色或橙红色。体盘较小。腕细，呈圆柱状，长短不一。反口面骨板的大小、形状都有变化，结合成网状。骨板结合成的结节上各有1个小钝棘。筛板2个，位于间辐部。皮鳃散生于短棘之间。上、下缘板不明显。侧步带板宽略大于长，板间有间隔。各板上有3个棘：步带沟深处的棘短而扁平；第2个棘在沟缘，最强大，末端钝；第3个棘在第2个棘外侧，顶端向外倾斜。

**生态习性**　栖息于水深1～5 m的岩礁海域，常以分裂的方式进行无性生殖，野外常见分裂后的个体。

**地理分布**　分布于印度-西太平洋浅水。在我国，吕宋棘海星分布于台湾、海南岛、西沙群岛和南沙群岛海域。

# 赤丽棘海星

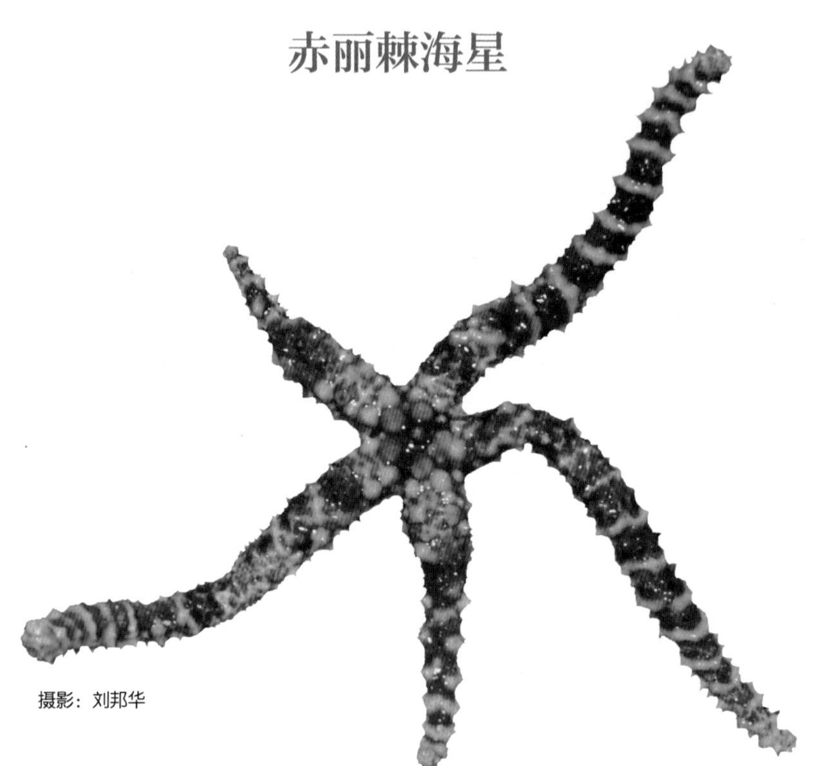

摄影：刘邦华

**学　　名**　*Echinaster callosus*

**分类地位**　有棘目棘海星科棘海星属

**形态特征**　体呈紫红色，腕上有白色环带。体盘小。腕5个，细长，末端翘起。骨板呈网状排列。骨板交会处有直立型大棘。筛板1个。肛门位于体盘中央，被5～7个直立型棘包围。第一、二、三步带棘排成1列，方向与腕的方向垂直。第一步带棘短小。腕基部的第三步带棘末端常有3～4个分叉。第四步带棘粗大。

**生态习性**　栖息于水深1～14 m的珊瑚礁海域。

**地理分布**　分布于印度–西太平洋浅水。在我国，赤丽棘海星分布于台湾、海南岛、西沙群岛海域。

# 海参纲

海参纲是棘皮动物门中经济意义最大的一个纲。全世界目前记录了约1 400种，主要分布在印度–西太平洋。海参体呈圆筒状。口在身体的前端，肛门在身体的后端。口周围有形状不同的触手，可分为楯状、指状、枝状和羽状。触手的形状是海参分目的重要依据。多数海参腹面平坦，生有许多管足；背面隆起，生有疣足。但无足目海参缺管足，呈蠕虫状。芋参目海参也没有管足，呈桶状，后端有一明显变窄了的尾部。海参体壁厚薄相差很大。内骨骼不发达，形成微小的骨片埋于体壁内。骨片通常很小，在显微镜下才能看到。其形状、大小随种类而异且十分稳定，故在海参分类上是最重要的依据。常见的骨片有桌形体、扣状体、杆状体、穿孔板、花纹样体、C形体等。海参的咽部包围着一个环状的石灰质板，称为石灰环。它的形态和大小是枝手目海参重要的分类依据。

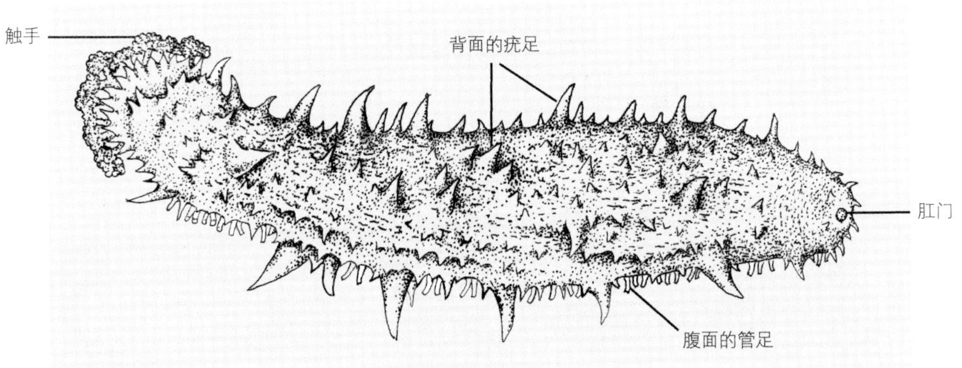


海参的外形示意图（仿廖玉麟，1997）

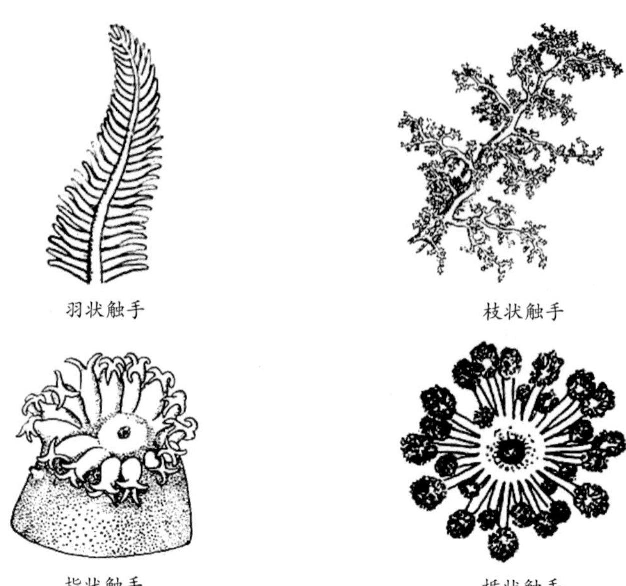


海参的触手示意图（仿廖玉麟，1997）

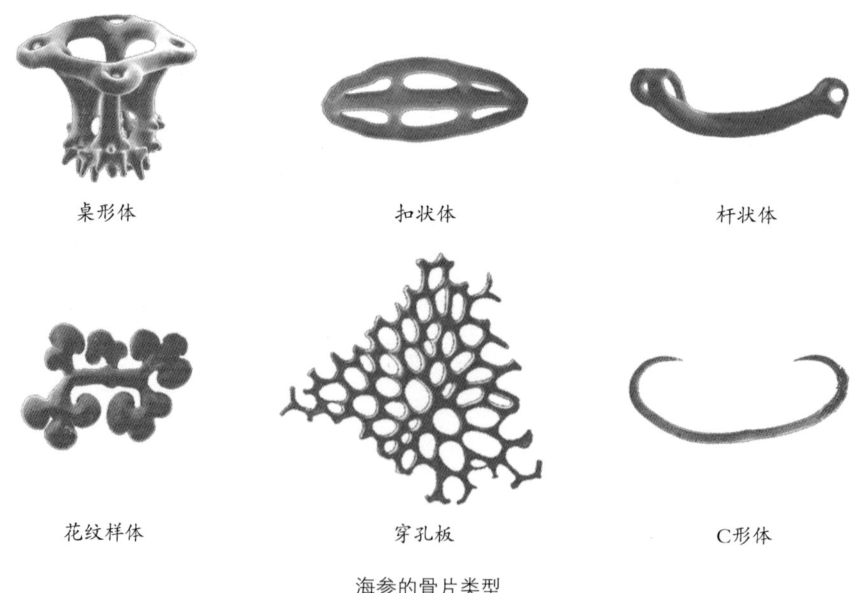


海参的骨片类型

# 蛇目白尼参

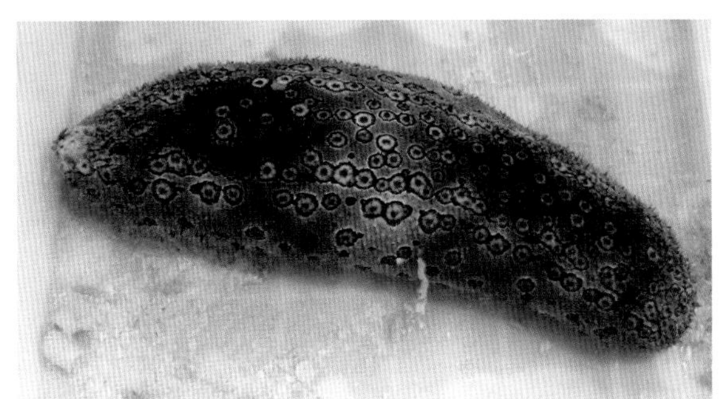

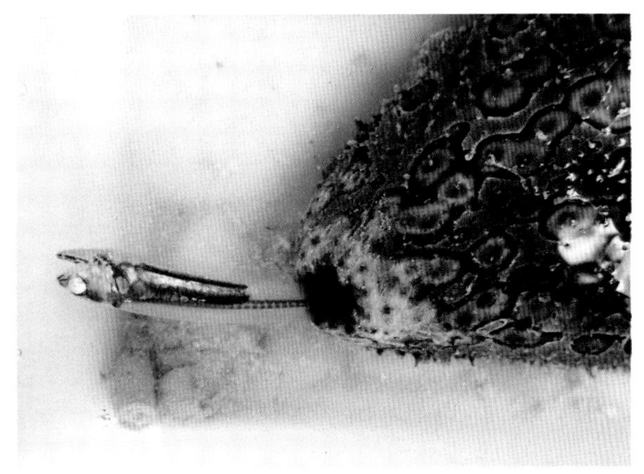

**学　　名**　*Bohadschia argus*

**别　　名**　蛇目参、蛇目布氏参、虎鱼、豹纹鱼、斑鱼

**分类地位**　楯手目海参科白尼参属

**形态特征**　体呈圆筒状，浅黄色或浅褐色；背面有许多蛇眼状斑纹，排列为不规则的纵行。口偏于腹面，有20个触手。肛门位于体后端，开口很大。波里氏囊2个，石管1个。居维氏器发达。疣足很小，散布于背面。管足很多，不规则地分布于腹面。

**生态习性**　栖息于珊瑚礁海域有少数海草的沙底。夜行性。白天多半埋于粗珊瑚沙中，只露出肛门呼吸。

**地理分布**　我国西沙群岛、中沙群岛和南沙群岛等海域均有分布。

**经济意义**　可食用。

**保护级别**　被《中国物种红色名录》列为濒危动物。

小贴士

蛇目白尼参泄殖腔常有隐鱼共生。

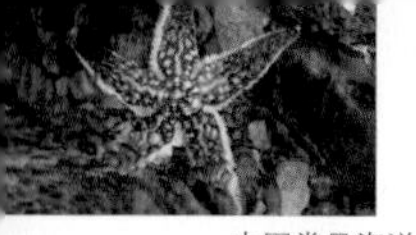



# 图纹白尼参

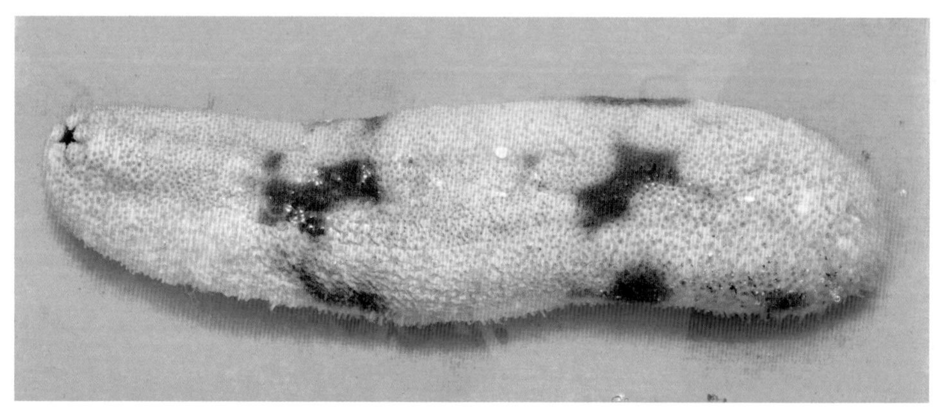

**学　　名** *Bohadschia marmorata*

**别　　名** 沙鱼、白鱼、白尼参

**分类地位** 楯手目海参科白尼参属

**形态特征** 体呈圆筒状。体色变化大，典型的为灰白色或浅黄褐色，背面常有几个棕色大斑块，组成地图般的花纹。口偏于腹面，有20个灰褐色触手。肛门位于末端，周围有5组细疣。背面有许多分散的疣足。腹面管足较多，排列不规则。

**生态习性** 栖息于珊瑚礁海域的沙底，身体常被沙掩盖。

**地理分布** 广泛分布于印度–西太平洋。在我国，图纹白尼参分布于海南岛南端、南沙群岛和西沙群岛海域。

**经济意义** 可食用。

**保护级别** 被《中国物种红色名录》列为濒危动物。

# 棘辐肛参

学　　名　*Actinopyga echinites*

别　　名　红鞋参

分类地位　楯手目海参科辐肛参属

形态特征　体为栗褐色，腹面色较浅。口偏于腹面，有20个触手。肛门稍偏于背面，周围有5个白色钙质齿。背面密布许多锥状疣足，排列无规则。腹面平坦，管足很多，排列为3条纵带。

生态习性　栖息于沿岸珊瑚礁低潮区至水深1～2 m的潮下带。白天躲在礁石之下，夜间出来觅食。在台湾岛近海繁殖期为6～7月。

地理分布　广泛分布于印度-西太平洋。在我国，棘辐肛参分布于台湾、广东、海南岛、西沙群岛和南沙群岛等海域。

经济意义　可食用。日本文献记载它具有药用价值。

保护级别　被《中国物种红色名录》列为濒危动物。

摄影：孙世春

# 子安辐肛参

**学　　名**　*Actinopyga lecanora*

**别　　名**　辐肛参、黄瓜参、石参、子安贝参

**分类地位**　楯手目海参科辐肛参属

**形态特征**　体呈椭球状。背面为浅褐色到深褐色，有不规则的棕色斑或黑斑；腹面呈土黄色或浅褐色；肛门附近有界限分明的浅色区。口偏于腹面，有20个触手。肛门偏于背面，周围有5个钙质齿。背面隆起，表面光滑，有稀疏的管足。腹面平坦，管足排列成3条纵带。中央纵带管足较稀疏；两侧纵带管足较多，排列较紧密。

**生态习性**　为珊瑚礁种，常栖息于岸礁内、短叶海草多的沙底，吃海底表面或海草叶上的珊瑚泥。摄食活动常有节律性，多在中午到夜晚。午夜以后到黎明不摄食。

**地理分布**　广泛分布于印度-西太平洋。在我国，子安辅肛参分布于西沙群岛、中沙群岛和南沙群岛海域。

**经济意义**　可食用。

**保护级别**　被《中国物种红色名录》列为濒危动物。

# 糙海参

学　　名　*Holothuria* (*Metriatyla*) *scabra*

别　　名　糙参、白参、明玉参

分类地位　楯手目海参科海参属

形态特征　体色变化很大，通常为绿褐色，并散布有少量黑色纹；背中部色较深，两边色较浅，到了腹面则逐渐变为白色。口小，偏于腹面，有20个小型触手。肛门端位，周围有5组细疣。背面疣足小，基部常为白色，而且数目不多。腹面管足小而稀疏。背面和腹面交界处常有1行边缘腹侧疣。沿着腹面中央常有1条明显的纵沟。

生态习性　栖息于岸礁边缘潮流强且海草多的沙底。摄食活动有节律性，食物为珊瑚沙和其他沉积物。

地理分布　广泛分布于印度–西太平洋。在我国，糙海参分布于广东、广西、海南岛、西沙群岛、中沙群岛、南沙群岛等海域。

经济意义　可食用。我国已突破糙海参人工育苗技术，其人工养殖可达到一定规模。

保护级别　被《中国物种红色名录》列为濒危动物。

# 黑海参

**学　　名** *Holothuria* (*Halodeima*) *atra*

**别　　名** 黑参、黑狗参、黑怪参

**分类地位** 楯手目海参科海参属

**形态特征** 体呈圆筒状，前端较细；黑褐色，有的带褐色。口偏于腹面，有20个触手。背面疣足小，排列无规则。腹面管足较多，排列也无规则。管足末端白色，表面常粘有细沙。无居维氏器。肛门端位。

**生态习性** 栖息于珊瑚礁海域平静、海草多和有机物丰富的沙底。主食粗的珊瑚沙。摄食活动无节律性，常日夜不停地吞食珊瑚沙，消化其中的有机物。

**地理分布** 广泛分布于印度–西太平洋。在我国，黑海参分布于台湾、海南岛、西沙群岛、中沙群岛和南沙群岛等海域。

**经济意义** 可食用，但体壁很薄，经济价值不高。

**保护级别** 被《中国物种红色名录》列为濒危动物。

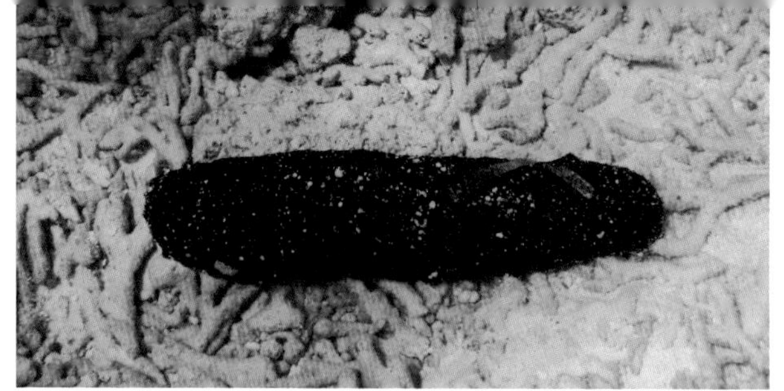

# 玉足海参

**学　　名**　*Holothuria* (*Mertensiothuria*) *leucospilota*

**别　　名**　荡皮海参、荡皮参、乌虫参、乌参、红参、黑狗参

**分类地位**　楯手目海参科海参属

**形态特征**　体呈圆筒状，后部常较粗。体为黑褐色或紫褐色，腹面色较浅。口偏于腹面，有20个触手。肛门略偏于背面。背面散布少量疣足和管足。腹面管足较多，排列无规则。幼小个体的管足，常排列成3条纵带。

**生态习性**　常栖息于潮间带，或裸露在水洼中，或处于珊瑚礁区或岩石下。居维氏器很发达，受刺激很易排出。从10月到翌年5月有冬眠现象。

**地理分布**　广泛分布于印度-西太平洋。在我国，玉足海参分布于福建南部、台湾、广东、广西、海南岛、西沙群岛和南沙群岛海域。

**经济意义**　可食用。

**保护级别**　被《中国物种红色名录》列为濒危动物。

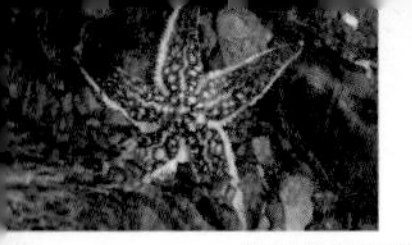



# 沙海参

**学　　名** *Holothuria* (*Thymiosycia*) *arenicola*

**分类地位** 楯手目海参科海参属

**形态特征** 体呈细圆筒状，后端更细；白色或灰白色，背面有2列很明显的黑褐色斑块，还散布有许多褐色小斑点。触手20个，较小。身体收缩时，前、后端难以分辨。腹面管足短小，不发达，稀疏地排列为2行。肛门端位，周围有5组细疣。

**生态习性** 常穴居在珊瑚礁内的沙里，是一种底内动物，洞口旁有一堆颜色不同的细沙。

**地理分布** 几乎是环热带种；西从红海、桑给巴尔和马达加斯加海域起，东到夏威夷群岛、科隆群岛、西印度群岛和巴拿马海域均有分布。在我国，沙海参分布于台湾和西沙群岛海域。

**经济意义** 可食用，但经济价值不高。

**保护级别** 被《中国物种红色名录》列为濒危动物。

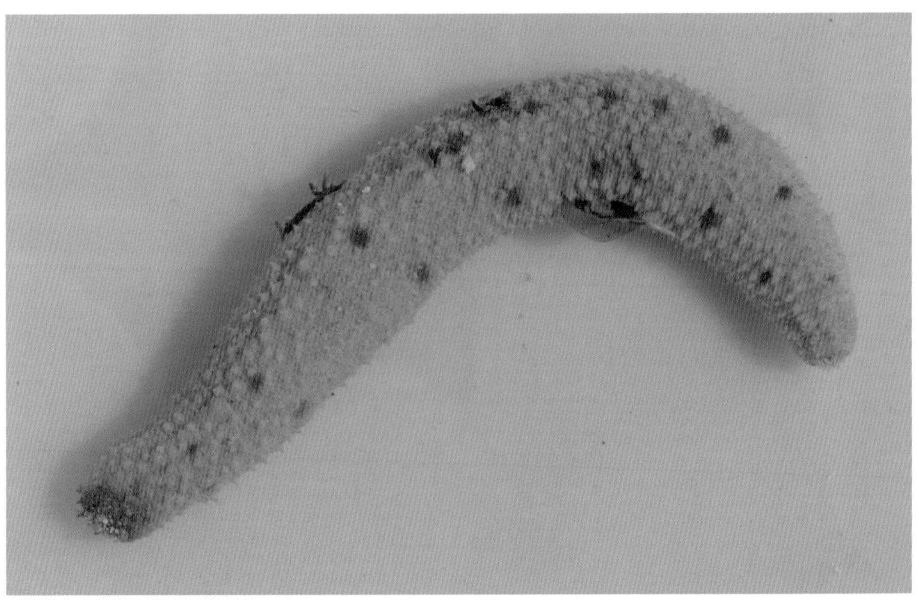

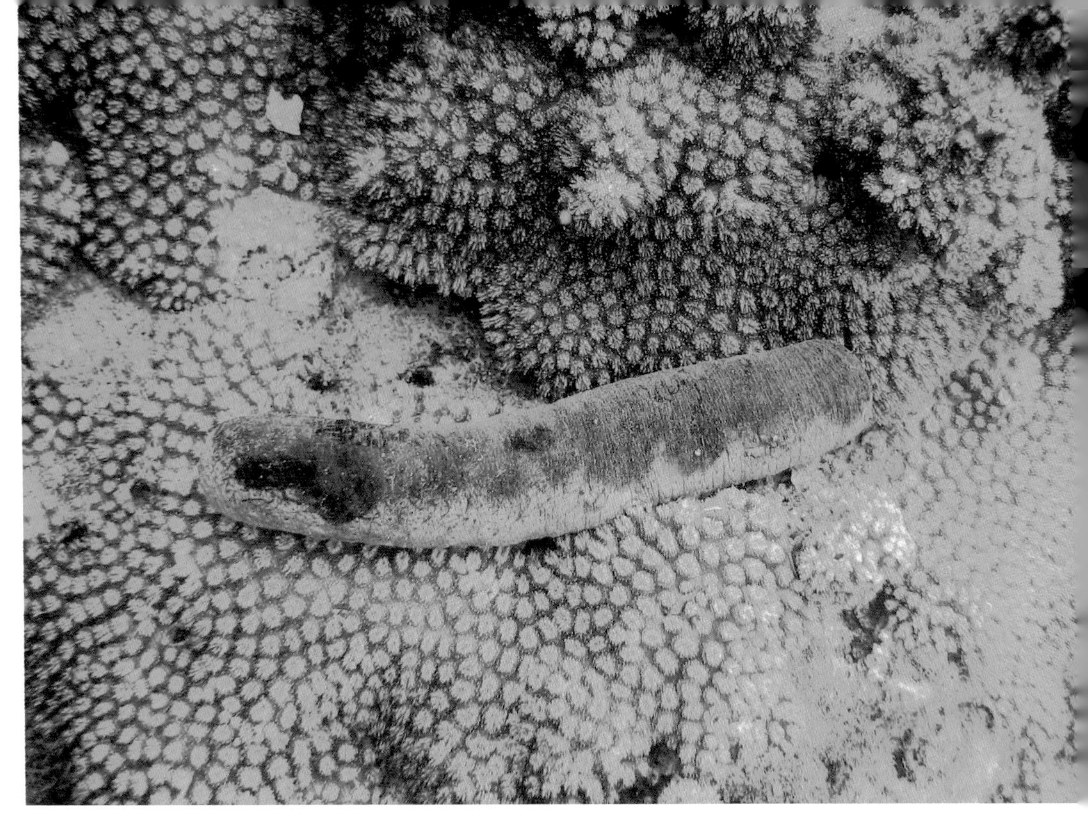

# 红腹海参

学　　名　*Holothuria* (*Halodeima*) *edulis*

别　　名　红腹怪参、红腹参

分类地位　楯手目海参科海参属

形态特征　体呈细圆筒状；背面紫黑色，腹面红色。口偏于腹面，有20个触手。背面散布很小的疣足；腹面管足较多，排列无规则。

生态习性　生活于岸礁沙底，食物为珊瑚沙。常日夜不停地摄食。

地理分布　广泛分布于印度-西太平洋。在我国，红腹海参分布于海南岛、西沙群岛、中沙群岛和南沙群岛等海域。

经济意义　可食用，但食用价值不高。

保护级别　被《中国物种红色名录》列为濒危动物。

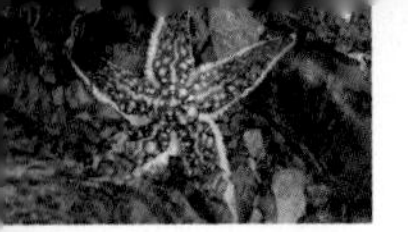



# 棕环海参

**学　　名**　*Holothuria* (*Stauropora*) *fuscocinerea*

**别　　名**　石参

**分类地位**　楯手目海参科海参属

**形态特征**　体呈圆柱状；背面为暗绿色；腹面色较浅，稍带灰白色。口略偏于腹面。触手20个，黄色。肛门周围黑褐色，有5组呈放射状排列的细疣。背面散生一些细疣。腹面有很多管足，排列无规则。背面各小疣和腹面管足的基部都围有1圈黑褐色环纹，为本种海参的一个重要标志。

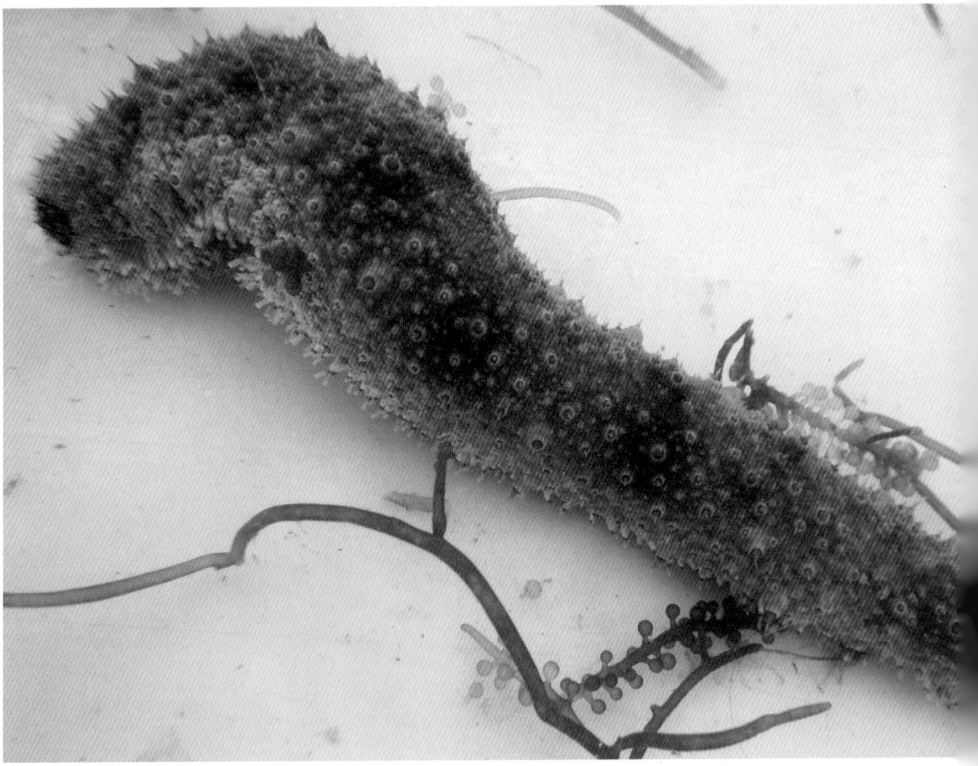

**生态习性** 栖息于潮间带至水深3 m潮下带珊瑚礁内或石块下。夜间出来觅食，吞食珊瑚沙，以其中的有机物为食。居维氏器发达，受刺激时排出体外。

**地理分布** 在我国，棕环海参分布于台湾、广东、海南岛和西沙群岛海域。

**经济意义** 可食用。

**保护级别** 被《中国物种红色名录》列为濒危动物。

# 黄疣海参

**学　　名** *Holothuria* (*Mertensiothuria*) *hilla*

**分类地位** 楯手目海参科海参属

**形态特征** 体呈圆筒状，前端较细；背面为浅黄色或浅褐色，腹面色较浅，多为浅黄白色。口偏于腹面，有20个触手。肛门稍偏于背面，周围有1圈小疣。背面有6行圆锥状大疣足，疣足基部常呈白色。腹面管足排列常有变化：一般排列为3条纵带，中央1条纵带较宽；但有时排列为4条纵带，纵带中央有1个狭窄的裸出区；也有的管足散布于整个腹面，

摄影：孙世春

排列无规则。

生态习性　栖息于潮间带中潮区和低潮区石下或珊瑚礁下。吞食珊瑚沙，以其中有机物为食。

地理分布　在我国，黄疣海参分布于台湾、涠洲岛、海南岛和西沙群岛海域。

经济意义　干制的全体可入药。

保护级别　被《中国物种红色名录》列为濒危动物。

# 虎纹海参

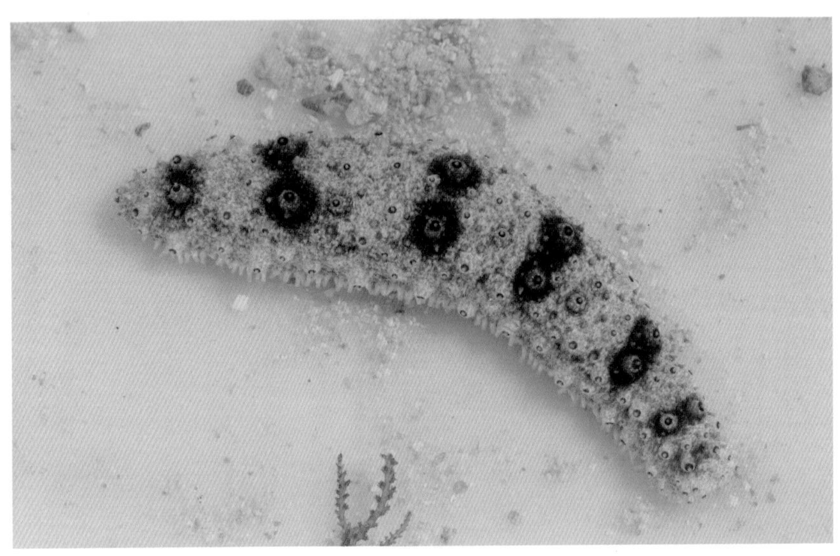

学　　名　*Holothuria* (*Stauropora*) *pervicax*

别　　名　虎纹参

分类地位　楯手目海参科海参属

形态特征　体呈圆筒状；背面为浅褐色，有6～8个暗褐色横斑和浅色疣足，横斑中央的疣足常较大而明显；腹面为灰白色。口偏腹面。触手20个，白色，稍透明。肛门偏背面。腹面管足多而密集，排列无规则。

生态习性　栖息于珊瑚礁海域，藏在珊瑚下。受刺激会排出白色的居维氏器。

地理分布　广泛分布于印度-西太平洋。在我国，虎纹海参分布于福建南部、广东、海南岛、西沙群岛等海域。

经济意义　可食用，但食用价值不高。

保护级别　被《中国物种红色名录》列为濒危动物。

# 豹斑海参

**学　　名**　*Holothuria pardalis*

**别　　名**　白底靴参、赤瓜参、靴海参

**分类地位**　楯手目海参科海参属

**形态特征**　体一般呈圆筒状，两端逐渐变细；浅黄色或带白色，有棕色斑点组成的2行斑纹。口和肛门均端位。触手小，17～20个。管足小而少，排列无规则，但在两端稍呈纵行。疣足不发达，形如管足。多数标本的背面和腹面区别不明显。体壁不厚，光滑。波里氏囊2个，很长。石管1个。无居维氏器。

**生态习性**　栖息于珊瑚礁海域潮间带石块下，或珊瑚骨骼碎片下，或珊瑚沙里。活动性很小。

**地理分布**　几乎是环热带种，但不见于大西洋。在我国，豹斑海参分布于台湾南部、海南岛和西沙群岛海域。

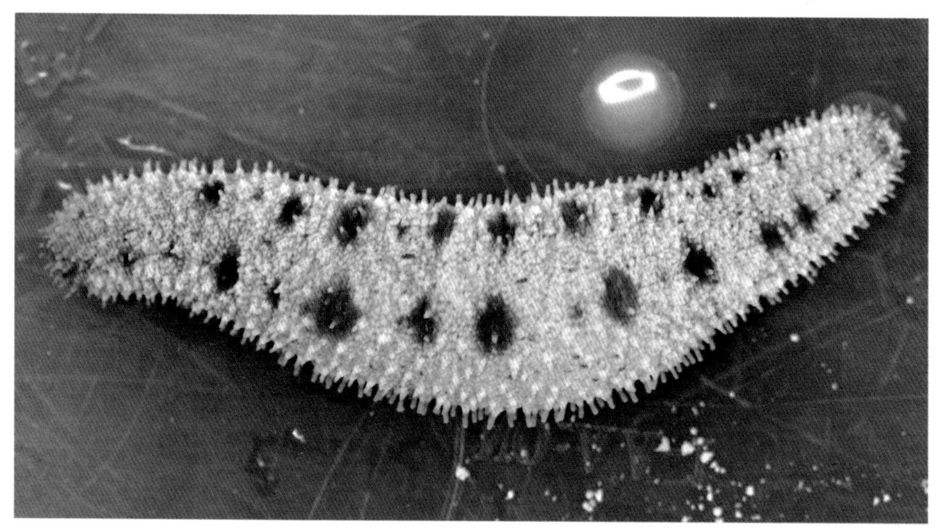

# 黑赤星海参

**学　　名** *Holothuria* (*Semperothuria*) *cinerascens*

**别　　名** 米氏参

**分类地位** 楯手目海参科海参属

**形态特征** 体呈圆筒状，腹面稍平；背面紫褐色，有7～8个黑褐色斑块；腹面为赤褐色。口偏于腹面。触手20个，在顶端稍有分支。肛门偏背面，周围有5组疣。背面有许多排列不规则的疣足。腹面有许多密集的管足，排列无规则。

**生态习性** 栖息于潮间带低潮区岩石下或石缝内。

**地理分布** 广泛分布于印度–西太平洋。在我国，黑赤星海参分布于于福建、台湾、香港、广东、海南岛、西沙群岛和南沙群岛等海域。

**经济意义** 可食用。

**保护级别** 被《中国物种红色名录》列为濒危动物。

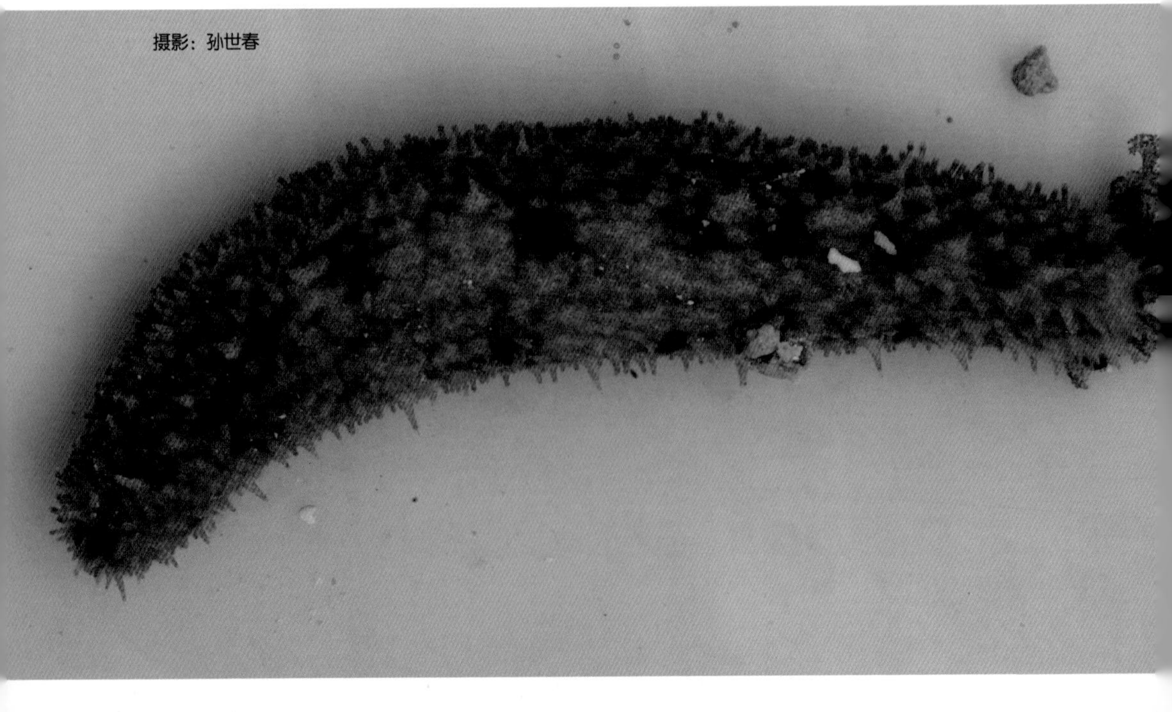

摄影：孙世春

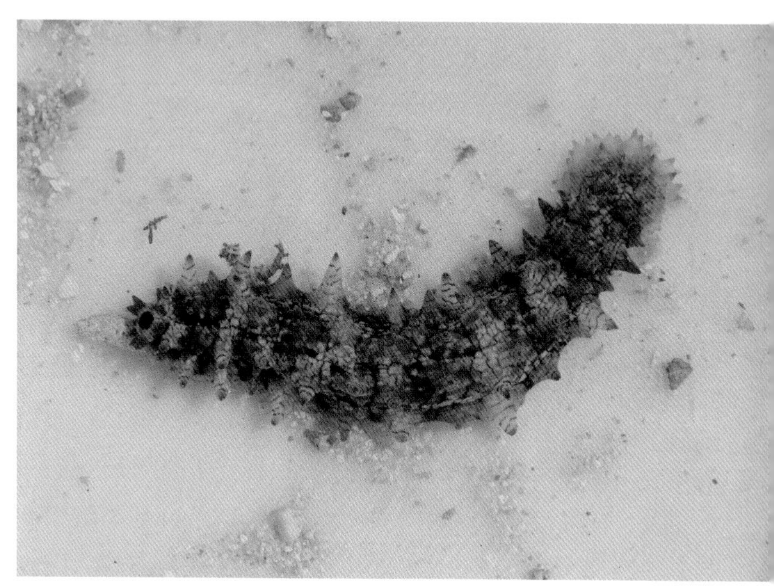

# 糙刺参

学　　名　*Stichopus horrens*

分类地位　楯手目刺参科刺参属

形态特征　体呈圆筒状；背面为深橄榄绿色，并间有深褐色、灰色、黑色和白色。口大，偏于腹面，有20个触手，有发达的疣足襟部。肛门偏于背面，周围没有疣。背面具有大的疣足，沿着背面的2个步带区和腹步带不规则地排列成4纵行。腹面管足排列成3条纵带，中央1条纵带较宽。

生态习性　常躲藏在死珊瑚或石下，夜间出来活动。吞食珊瑚沙，以其中的有机物为食。受干扰时很容易自割——将背部体壁剥落或溶解。

地理分布　在我国，糙刺参分布于台湾、海南岛、西沙群岛等海域。

经济意义　可食用。

保护级别　被《中国物种红色名录》列为濒危动物。

# 仿刺参

**学　　名** *Apostichopus japonicus*

**别　　名** 刺参、海鼠、刺海参

**分类地位** 楯手目刺参科仿刺参属

**形态特征** 体呈圆筒状。体色变化很大：一般背面为黄褐色或栗褐色，腹面为浅黄褐色或赤褐色；此外还有绿色、赤褐色、紫褐色、灰白色和纯白色的。口偏于腹面，有20个触手。肛门偏于背面。背面隆起，有4～6行大小不等、排列不规则的圆锥状疣足。腹面平坦，管足密集，排列成不很规则的3条纵带。呼吸树发达，但无居维氏器。

**生态习性** 栖息于波流静稳、海草繁茂和无淡水注入的岩礁底或硬底港湾，栖息水深一般3～15 m，少数可达50 m。幼小个体多栖息于潮间带。大叶藻丛生的细泥沙底也常有发现。

**地理分布** 在我国，仿刺参分布于辽宁、山东、河北等省沿海。俄罗斯萨哈林岛（库页岛）、符拉迪沃斯托克（海参崴）沿海，日本的函馆、横滨和九州沿海，朝鲜半岛沿海也有分布。

**经济价值**：可食用。

**小贴士**

我国早在三国时期就有食用海参的记载，并将其视为一种珍贵的海味，列为“海八珍”之一。明代以后，海参被视为补益药。因而，海参被定位成药食两用的高档滋补品。

小贴士

仿刺参在夏季水温超过20℃时，会进入不吃不动的休眠状态——夏眠。它遇到敌害、恶劣环境胁迫时，会将呼吸树和生殖腺等内脏从肛门排出，这种特殊习性被称为“吐脏”。

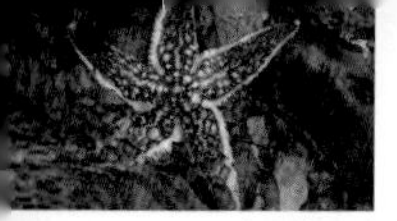



# 绿刺参

**学　　名**　*Stichopus chloronotus*

**别　　名**　方刺参、方柱参

**分类地位**　楯手目刺参科刺参属

**形态特征**　体呈四方柱状，墨绿色或稍带青黑色。口大，偏于腹面，有20个触手。肛门偏于背面，周围没有疣。沿着两侧缘和背面步带各有2行交互排列的圆柱状疣足。疣足末端为橙黄色或橙红色。腹面管足密集，排列为3条纵带，中央1条纵带较宽。

**生态习性**　栖息于珊瑚礁内，常暴露于平静、海草繁茂的沙底；或栖息于潟湖内被潮水冲刷的沙枕的边缘。

**地理分布**　广泛分布于印度-西太平洋。在我国，绿刺参产于海南岛、西沙群岛、中沙群岛和南沙群岛等海域。

**经济意义**　可食用。

**保护级别**　被《中国物种红色名录》列为濒危动物。

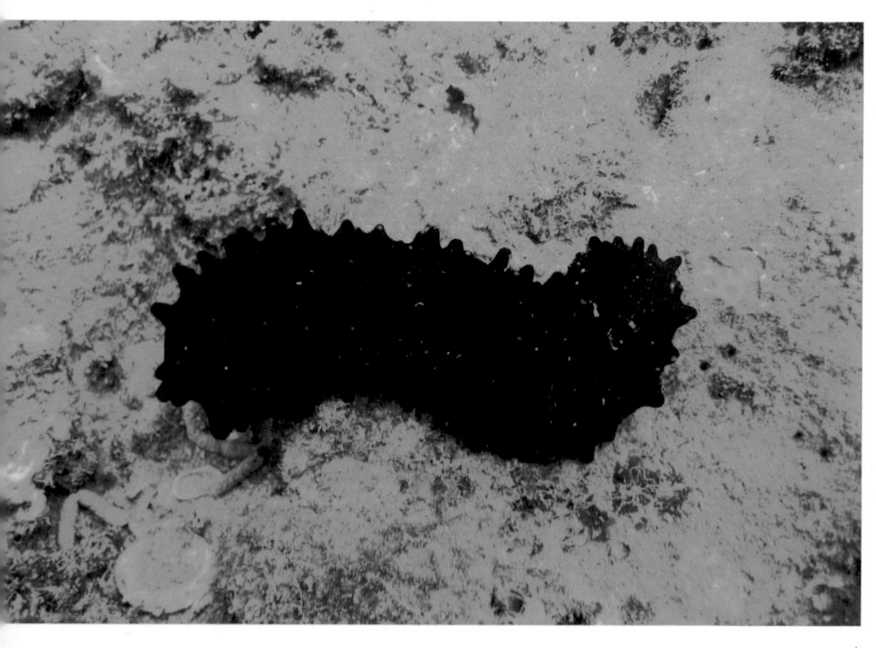

# 花刺参

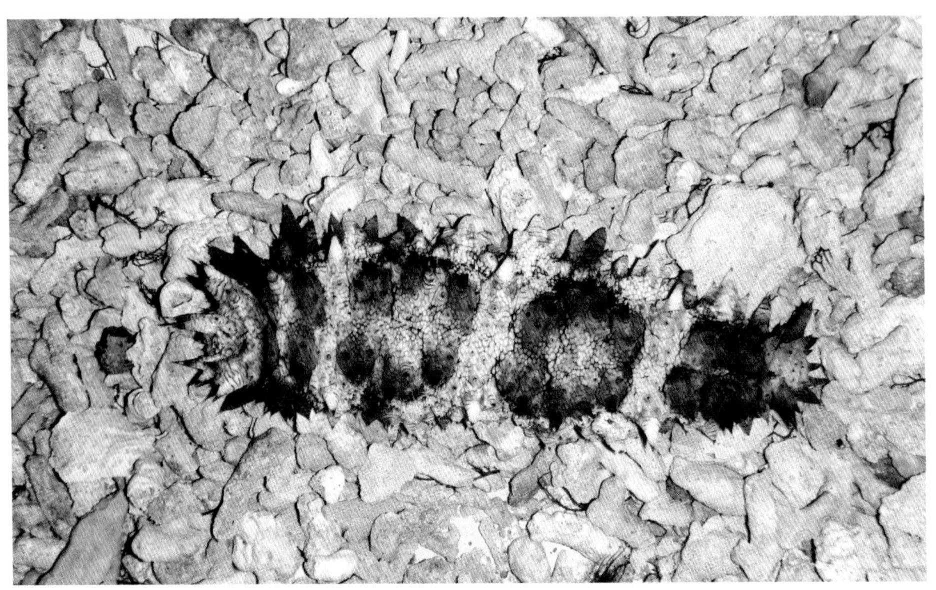

**学　　名** *Stichopus variegatus*

**别　　名** 方参、黄肉、白刺参、黄海参

**分类地位** 楯手目刺参科刺参属

**形态特征** 体有点像四方柱状。体色变化大，通常为深黄色，带有深浅不一的橄榄色斑纹；有的为灰黄色，带有浅褐色网纹；还有的为黄褐色，带深绿色斑纹。口偏于腹面，有20个触手。肛门端位，周围没有疣。背面散布许多小疣足，排列不规则。疣足末端常呈红色。腹面管足排列为3条纵带，中央1条纵带较宽。

**生态习性** 多生活于岸礁边、海水平静、海草多的沙底。小个体多栖息于珊瑚下或石下；大个体多栖息于较深水域或潟湖通道。摄食多在夜晚进行。

**地理分布** 在我国，花刺参分布于台湾、广东、广西、海南岛、西沙群岛等海域。

**经济意义** 可食用。

**保护级别** 被《中国物种红色名录》列为濒危动物。

# 梅花参

**学　　名**　*Thelenota ananas*

**别　　名**　凤梨参

**分类地位**　楯手目刺参科梅花参属

**形态特征**　背面为橙黄色或橙红色，散布着黄色和褐色斑点；腹面带红色。口位于腹面，有20个黄色触手。肛门端位。背面疣足很大，呈肉刺状，每3～11个疣足基部相连成梅花状。腹面管足多而密集，排列不规则。

**生态习性**　栖息于珊瑚礁缘外的沙底，或潟湖内的沙枕上，栖息水深10～30 m。

**地理分布**　在我国，梅花参分布于台湾南端、西沙群岛、中沙群岛和南沙群岛等海域。

**经济意义**　可食用。

**保护级别**　被《中国物种红色名录》列为濒危动物。

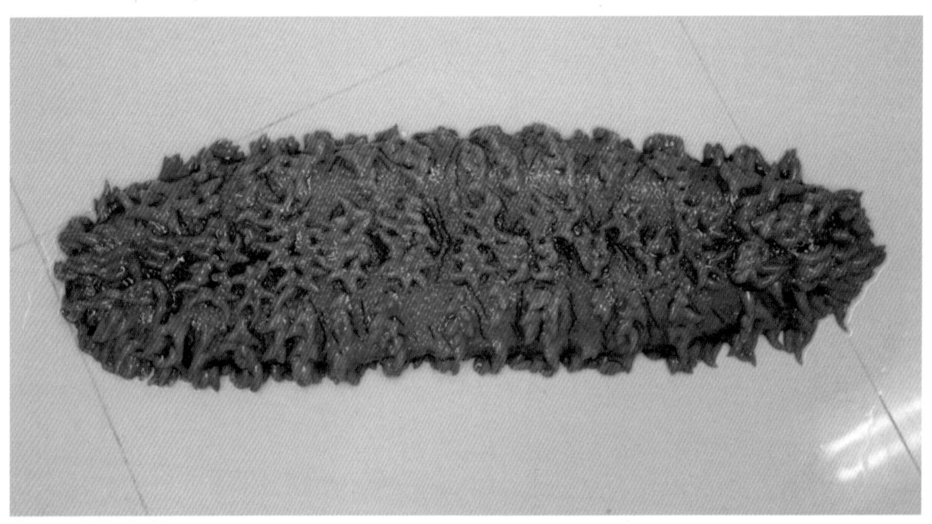

# 巨梅花参

学　　名　*Thelenota anax*

分类地位　楯手目刺参科梅花参属

形态特征　体一般长600～800 mm，宽约100 mm，是海参纲中体型最大的。体呈圆筒状，腹面平坦。体灰白色，夹有许多血红色斑点和斑纹。口偏于腹面，有20个触手。肛门偏于背面。背面有分散的小疣足，但两侧疣足较大。腹面密集地布满管足，排列不规则。

生活习性　栖息于潮下带珊瑚礁区，暴露在水深10～16 m的珊瑚沙底。

地理分布　在我国，巨梅花参分布于西沙群岛、南沙群岛海域。

经济意义　可食用，但经济价值不高。

保护级别　被《中国物种红色名录》列为濒危动物。

# 海地瓜

**学　　名** *Acaudina molpadioides*

**分类地位** 芋参目尻参科海地瓜属

**形态特征** 体略呈纺锤形，末端逐渐变细。体壁十分光滑，稍透明。体色变化大：小个体为白色，半透明；中等大个体一般呈赭色；老年个体为暗紫色。触手15个，无分支，但靠近顶端有1对小侧指。肛门周围有5组小疣，每组有4～6个。呼吸树发达。石灰环辐板各有1对短的后延部。

**生态习性** 穴居在潮间带到水深80 m的软泥底，少数栖息于泥沙底或沙底。

**地理分布** 在我国，海地瓜广泛分布于山东到海南岛沿海。

**保护级别** 被《中国物种红色名录》列为濒危动物。

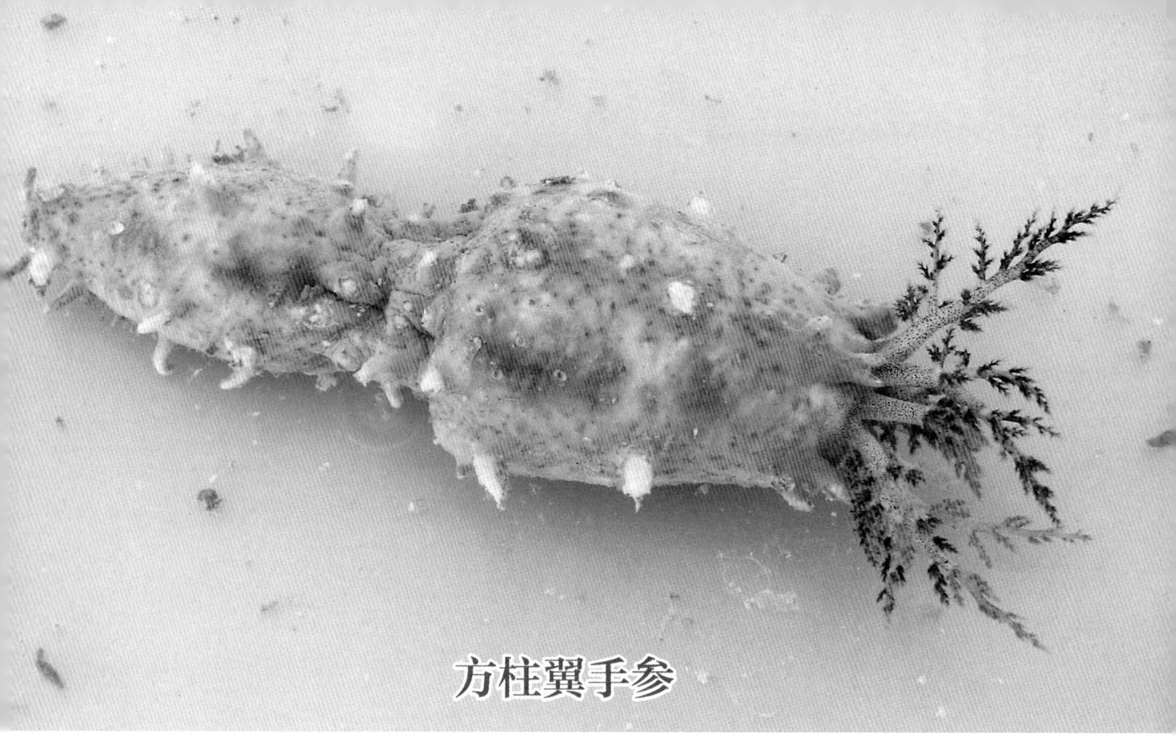

# 方柱翼手参

**学　　名**　*Colochirus quadrangularis*

**分类地位**　枝手目瓜参科翼手参属

**形态特征**　体呈方柱状。腹面平坦，呈足底状。背面和两侧为灰红色，腹面红色。口在身体前端，有10个触手，腹面2个较小。触手为灰黄色，分支为血红色或紫红色。肛门偏于背面，周围有5个大齿和5个大鳞片。沿身体4个棱角各有1行排列较规则的锥状大疣足，中间常夹有小疣足；腹面中央线两端常有1～3个大疣足。疣足为红色，管足为浅红色。

**生态习性**　栖息于潮间带到水深约100 m的硬底质。

**地理分布**　在我国，方柱翼手参分布于福建、广东、广西和海南岛海域。

# 紫伪翼手参

**学　　名** *Pseudocolochirus violaceus*

**别　　名** 海苹果

**分类地位** 枝手目瓜参科伪翼手参属

**形态特征** 体短而钝；背面几乎是平的，而腹面向外鼓。体由红、黄、蓝3种颜色构成，通常间步带为黄色，并夹以蓝色，步带为浅红色，翻颈部为红色。口和肛门均朝向背面。口大，有10个等大的触手。触手基部红色，分支为黄色。肛门周围有5个明显的齿。背面疣足小而稀少，并逐渐消失于体前后端。管足仅限于腹面3条步带。

**生态习性** 栖息于水深18～67 m悬浮物丰富的泥沙底。

**地理分布** 在我国，紫伪翼手参分布于北部湾沿岸、海南岛和香港海域。

**经济意义** 可观赏。

# 紫轮参

**学　　名**　*Polycheira fusca*

**分类地位**　无足目指参科轮参属

**形态特征**　体呈蠕虫状，后端略细。体色变化大，从灰褐色到紫红色或黑褐色。体壁稍透明，外表有许多大小不等、由轮形骨片堆聚而成的轮疣。触手数目变化很大，15～23个，但一般为18个。触手有8～13对侧指。

**生态习性**　栖息于高潮区附近岩石底下，常有群居习性。

**地理分布**　在我国，紫轮参分布于福建、台湾、广东、广西、海南岛和西沙群岛海域。